觉　香

会思考的气味

卓玛　著

華中科技大學出版社
http://www.hustp.com
中国·武汉

感谢提供本书摄影图片的愿心法师，好友吴语、春晓、陈黎及李乐骏校长、胡高峰校长。

熏香无言，赐我沉静

清香建水

味道是一抹回忆。

儿时的早晨是从许多户人家的清香开始的。

家中的女主人，或是母亲或是祖母，会在起床后的第一时间去打理香炉。拨开炉里的香灰，将“明节”——用于助燃的、油分很足带着树脂的松木——削成火柴棍大小，堆在香炉中央，燃起火后用香勺向明节上添加淡绿色的香面，反复地添加，一勺勺、一层层地重叠，直至堆成了锥形的香包，香气便一阵接一阵地扑面而出。每隔一段时间就需要向香炉中添加香面，一次又一次地添加，直到整个屋里、院子里弥漫着浓浓的青叶草香，整个家飘散着极其干净的味道。

添香的主妇虽不是文人雅士书台案几旁的红袖，却让家宅各个角落充满了平和朴实的温暖。香烟升腾，女主人们开始伴随着香气打扫屋子，孩子们在香味中醒来，阳光照进屋来，香炉吐着温暖的清烟，愉悦绕梁，屋子里变得生机活力起来。一家人的各种声音交织，早餐时的碗筷碰撞声扬升，平凡却清心的一天，便在这座铺满青石路的古城里开始了。

无数次回忆起儿时的这座城，都是早晨阳光里那抹不去的清香与温暖。这段时光成了我最早的香课启蒙。清香，清香的老院子，清香的阳光与童年。

味道是一方乡情。

清香树上，捻叶净香。

建水是个味道很清淡的小城。离开故乡后的岁月里，弥久不散在心间的是那些“清香树”散发的气息，这种树在建水随处可见，屋后院内，庙前山间，路边河畔随处皆有。清香树的气味如名，异常清透自然，清香、凉香、草香汇成一股纯净的味道，这是树木本具的自然滋味，闻即心生洁净。

清香树除了被碾成粉作为每日香炉中的熏物，也会被制成一米多长的“大香”。在除夕夜，守岁焚香，是每户人家的必备活动。

松针宴中，坐地幽香。

在建水，无论春节团圆还是婚事新办，人们都会在地上铺上厚厚的松针。在一片松针叶的油绿色中，所有菜肴都显得格外香美。席地而坐，持久不散的便是那草香、松脂香，干净素淡，清远幽长。

海棠无香，供橼新香。

在建水本是秋季把玩的佛手、香橼，一定要等到冬尽春将来之时才有。海棠开了，确实是无香的，可是那一树的刺红，让你不由自主地去品闻。春节时为应景，建水人家都会摆清供，海棠的红和着香橼的阵阵果香，年的气息也就新鲜起来。

花朵为食，唇齿淡香。

建水野花遍地，许多花朵成为餐桌美食，苦刺花、木棉花、玉荷花、棠梨花、玫瑰花、荷花、芭蕉花、马桑花、金雀花、芋头花、油菜花、白菜花。就连喝茶的时候，打开外公的茶叶罐，也能闻见他用茉莉花或者米兰花窨过的茶叶发出的清雅香花。自幼我便喜欢幻想自己是花丛中的仙女，每日食用着这些绽放的芬芳，从唇齿到每一个毛孔都会吐纳暗香。

味道是一个久违的地方，你回不回去，它的神韵都早已清晰在目。岁月会洗涤许多东西，而留下的，永远是你在呼吸间不经意打开的记忆，一些风物，皆是和气味有关才被深刻地记忆下来。某天，你闻见，便轻易地退回了时光一寸寸。某地，你想起，鼻端便自然生出了记忆。你闻与不闻，那些风物的味道，都在心间，历久弥香。

目录

上部　从香意至生活

第一章　节日、节气、四季用香

第二章　情致篇

第三章　香席篇

下部　从香学至香道

第四章　教化之间

第五章　方寸之间

上部

从香意至生活

第一章　节日、节气、四季用香

春节——年香

踏着回家的路，鼻息感觉着时间，我闻见烟花的绚烂，闻见年糕的甜糯，我闻到了我的年。年可还是儿时的模样，闪着奇妙的光芒，香喷喷地微笑着，朝每个归家的游子走来。

年，中国人最盛大的节日。从腊月初八开始到正月十五，长达一个月的时间里都是年的味道。年不仅仅是堆满餐桌的美味佳肴，不仅仅是压岁钱和新衣服，年还充满了浓浓的香火味，年是由一个个礼祭活动串成的香火延绵的节日。

礼有五经，莫重于祭，是以事神致福。

腊月初八敬香礼佛

中国人自有了祭祀活动和宗教信仰，便形成了民间礼祭用香的习俗。从腊八开始，民间祭祀就点燃了年的第一炷香。腊八节，是祭祀神灵和祈求丰收的节日，相传也是释迦牟尼成道并创立佛教的日子。当日除了熬煮腊八粥之外，还要沐浴焚香、礼敬诸佛。

腊月二十三奉香灶神

民俗里“灶神”是“人间监察神”。灶神像常被贴在灶台或烟囱上，上面写道“上天言好事，回府降吉祥”。腊月二十三这天，要在灶台上摆好荤食、灶糖、谷物等祭品，焚香祷告，祈求灶神能上天多言家中善事。

腊月二十五供香玉帝

据说灶王爷上天向玉帝汇报民间诸事后，玉帝会在腊月二十五这一天下界视察民间。于是这一天有磨豆腐、吃豆腐的习俗，以向玉帝表现勤俭持家的传统美德。这一天的供桌上以素供为主，且要谨言慎行，焚香祷告，祈求玉帝护佑老小吉祥如意。

腊月二十九孝香祭祖

对先祖的崇拜是中国人的生命观和文化特色，大约自汉开始，祭祖就成了春节的重要活动。这一天的祭祖在祠堂或家里举行，也有上坟的墓祭。焚香叩首，饮水思源，因孝而祭，传承家风。

大年三十添香守岁

大年三十晚上守岁烧的“柱香”长达一米余，可以从午夜一直烧到大年初三。民间认为，烧香可以驱赶“年兽”，辞去旧岁。有一说是年关子夜时，上界的诸佛、菩萨、神灵会下界与人间普天同庆春节，故而要昼夜焚香，以示迎请。

正月初一头香祈福

正月初一即是新年第一天，又是弥勒佛圣诞日，同时先祖们认为新一年的第一天应要早起，以启来年勤奋，所以民间就有了抢上头香的习俗。这一天的香也还是以高香、柱香为主。

正月初二吉香迎财神

在初二，无论商铺还是家庭都要祭拜财神，摆上供品和香炉，在财神像前将一些纸质祭品焚烧。在中国有多位财神，常供奉的是武财神和五路财神，有专门的财神香用于祭拜。

正月初五瑞香送穷神

初五又叫“破五”，在一些地方是初五接财神。这一天最重要的风俗就是要祭拜焚香，将屋内的垃圾尘土扫除，送到门外，以清净家宅，清除污秽。祭拜可用除秽、去晦的纳福香。

正月初九圣香拜天公

传说此日是玉帝生日，要备清香花烛祭玉帝、拜苍天，求天公赐福。在过去，这是一个比较隆重的祭祀，用降真香、檀香，显真消厄，得福禄寿。

“祭祀”是儒家礼仪的重要部分，又与佛家、道教、本土原始信仰等融合在一起，形成了多元丰富的民间祭祀习俗。无论什么祭祀活动都离不开香。

旧时的祭祀用香不同于今日的化学香，祭祀用香不求贵香，但用真香，取材天然。檀香、槐、松、柏、杏木、桃木、清香树、榆木、木兰、艾草、菖蒲、侧柏叶等都是民间祭香的常见材料。当然，我国地大物博，不同地域的民间祭香的配方也是不同的。

在一些书籍里记载的香物，有专门用于祭祀礼拜的，比如檀香、降真香、乳香、没药、安息香、白芷等。也有传世的适合祭拜用的成品香，如信灵香、灵犀香、百和香、返魂香、柏子香、禅悦香、七宝莲花香、五路财神香等，依据不同的祭祀活动择用不同的和香香品。

这些传世香方大多以炼蜜和饼或丸，今人多改为线香，方便祭祀使用。当代家庭祭祀用的香几乎都是化学签香，香体内有一支竹签，插于香炉中便于使用，也节约香支，但是竹签燃烧后，始终有一点影响香气的纯净，更适合于室外的祭祀，而室内则可选择线香。

无论室内室外，化学香终究是浑浊而伤害身体健康的香，祭祀本身就是一种敬畏和膜拜的表达，无论供品、香品都要挑选好的进行供奉，所以礼敬神灵还是应该选择纯天然的真香。

在过去，中国人的年离不开香，家家户户可谓香火不断，祝福常怀，一支香的燃烧里倾注了多少感恩与期许。一代代中国人也正是在这样的节日里，通过祭祀与祈福，懂得了敬畏与延续，学会了感恩与缅怀。

附贴：手作线香

原料：

和好的香粉（根据不同配方研粉、和合）、天然粘粉、水。

制作：

1. 香粉与粘粉按比例和均匀，比例在 5:1 到 8:1 之间，具体比例需要根据香方决定；

2. 在和好的香粉内加入水，搅拌均匀后用手大力揉；

3. 揉至香面充分均匀；

4. 用保鲜膜包住，或放置于陶瓷坛子里，“醒”香面；

5. 将醒好的香面搓成筷子粗的“香条”；

6. 将香条切成 1 厘米以内的“香段”；

7. 将香段搓成均匀的条状，切为需要的长度，将“香线”两端固定于晾香席上；

8. 充分晾干后，用刀将香线两头裁整齐；

9. 入陶瓷坛子，置于地窖窖藏即可。

备注：

和香用的粘合剂叫做“粘粉”，天然的粘粉通常用：楠木粉、榆木粉、糯米淀粉、玉米淀粉、木薯粉、三条筋粉。

和香的水一般用纯净水、矿泉水，特殊的香方也用花露、白酒、花酿酒、果汁、雪水、泉水等特殊的“水”。

惊蛰——香囊的惊蛰天

仲春遘时雨，始雷发东隅。众蛰各潜骇，草木纵横舒。翩翩新来燕，双双入我庐。

——陶渊明

春雷响，万物长，心情也飞扬。阳光暖照，天空清澈，配戴一只自己绣的香囊，芬芳沾衣踏春去……

惊蛰后万物生发，阴寒未尽，乍寒乍暖，早晚温差尚大。这是容易犯困的季节，也是细菌活跃的时节，疲倦和感冒即将来临。动动你慵懒的手指，自己做一些香囊，可提神或预防感冒。香囊可以送给闺蜜，或悄悄塞在男友的手心，也可挂在老爸的车里，或做给家里的小朋友……

总之，现在我们需要一个塞满香料的小布袋子来闻见春天，正气除秽。我以前闲的时日多，用根拙针，好歹也扎出了一些图案，做成了香囊。有香的生活，快乐就这么简单，不是绣娘，却有足够的自信勾勒自己专属的美好心情。

惊蛰日，和一款香，塞到自己手作的私房香囊里，顺便可以丢开手机和电脑，尤其是那乏味的让人消沉的电视剧。拿起针线开启女子与生俱来的手工潜能吧！这些香药会在不经意间，传送丝丝芳香、爱与关怀。

春日踏青，香囊跟随

且容秀发自由飞扬

香飘一路

私房的香气，每个爱着生活的你

便是春日最灿烂的美好

附贴：惊蛰香囊二方

春困醒神安鼻香囊：

冰片、薰衣草、薄荷、迷迭香，各 6 克；樟脑、陈皮、高良姜，各 1 克；辛夷、肉桂，各 10 克。修制后磨粉屑，混合均匀。

流感祛疫香囊：

藿香、丁香、木香、白芷、没药、艾草、薄荷，各 9 克，苍术、石菖蒲、乳香、柴胡、细辛，各 2 克。修制后磨粉屑，混合均匀。

手作香囊：

1. 绣出你喜欢的图案，缝制香囊。可选四大名绣（苏绣、湘绣、蜀绣、粤绣），各种针法（平针、柳针、回针、乱针、打籽针、锁链针等几十种），或者直接选择缂丝（传统类的有本缂丝、明缂丝、絽缂丝、引箔缂丝）、织锦（四大名锦：云锦、蜀锦、宋锦、壮锦）；

2. 根据香囊大小，用棉纸或无纺布或细纱布缝制一个“内袋”；

3. 根据香方配好香料，混合研磨为屑或粗粉；

4. 将香粉装入内袋封口，再装入香囊中即可。

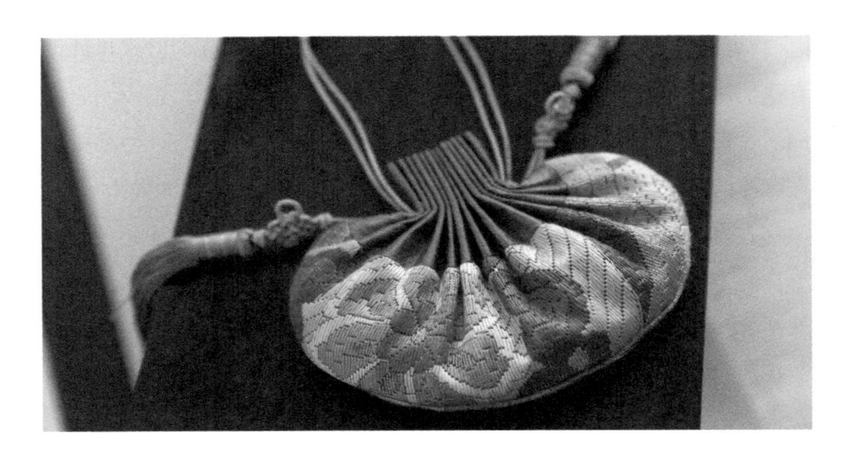

春分——香草与春天的香丸

迟日江山丽，春风花草香。泥融飞燕子，沙暖睡鸳鸯。

——杜甫

一阵风吹来，抬头已是满树繁花。在含笑花和樱花的枝头飘摇里，可研磨些冬天晾下的梅花。梅花清肝解郁，是春季里养肝的最佳香材。

就着暖春的阳光，泡一壶茶，听一首曲子，慵懒地沉坐在沙发里，那小小的香丸的味道散发开来，唤醒了身体的感知。

这香丸以檀香、梅花、香附子、玫瑰、小茴香、降真香、乳香、橘叶等八种香材研磨配比，再用枸杞汁、玫瑰酿、鲜佛手和醋炮制后，以炼蜜和成香丸，窖四十九日后埋炭熏之，甜香悦怡，令身体气息缓缓流动。轻松而温和，舒畅而柔润。

春天阳气生发，万物始生，身体也萌动生机，春属木，与肝应，故而将疏郁理气、生发机体的香材选来，和合制香。

那些和春天一样温暖的香草，总会在一丝寒意尚存的时光里拥抱着我们。川芎、郁金、香附子、玫瑰、红花、当归……只是听到它们的名字便已醉心微笑了。而牡丹皮、菊花、青皮、陈皮、白芍亦可以在这样的时节里清理肝脏，轻轻撩动身体里沉默了一个冬天的力量。

在春天里品香是件美事，它唤醒了经冬的慵懒。以熏法起香，能令鼻腔不燥，心肺清润，再利用适合节令的香材“对话”身体，让身体在香气的萦绕之中兼得调养。香气令人舒畅，解郁悦乐，那些伤春悲秋的情绪也便不复存在了。在香气的抚慰中，阳光渗透到了屋里每个角落，在心间芬芳绽放。

关心身体，应乎自然，且给春天的自己，熏一缕明媚的味道吧！

附贴：手作香丸

1. 檀香玫瑰花酿制，香附子醋制；

2. 按香方比例和合好香粉，以枸杞汁揉和，晾干备用；

3. 在晾干的香粉中加入炼蜜，和匀为泥。盛香粉以盘子为佳，盘子底下放置开水，利于香粉与炼蜜融合。将粉和蜜用力搓揉均匀，揪出小坨，每坨一丸，每丸搓两遍令表面光滑；

4. 将香丸放入装有新鲜佛手的陶瓷罐子内，存数日，取出佛手，晾干香丸即可窖藏；

5. 香丸大小如豌豆，窑藏 49 天后，品闻效果更佳。

炮制和窖藏的方法时间，需根据不同香方来确定，此处仅为文中提及的组方而用。

备注 1：香丸分类

1. 口服香丸

一般作为养生保健或香体（口腔）的内服丸，当代的许多中医馆里还在制作养生丸，不过它并不作为药物使用，而是一类日常用的养生香丸。

2. 炉熏香丸

炉熏是最常用的熏香形式之一。熏的香丸可以炼蜜制作，称作“蜜丸”；也可不用炼蜜，加入微量粘粉，制成“干丸”。

3. 外挂香丸

外挂的香丸可以装在金属、象牙、竹、木等材质制成的香囊中，挂于床头、身上、车上或包包上，既芬芳又有装饰效果。

备注 2：炼蜜

炼蜜常用于制香丸和香膏。制法如下。

生蜂蜜放入瓷碟，以火熏炼，观察蜂蜜冒泡，以控制火温，慢慢熬至蜜泡丰富密集时，改小火继续慢熬。观察到蜂蜜颜色变茶色或比之前色深时，滴一滴蜜到清水碗中。若滴蜜入水成珠，用手捏蜜珠，手感不软，微硬或脆，即可。

端午——端午香来知多少

刚过完端午，人们还沉浸在假日的喜悦中，但知道端午节是传统香料、香气大集会的人却寥寥无几。那不如盘点一下端午节里到底有多少先祖们运用香料的智慧。

粽里藏香

包粽子的叶子无论是箬叶、芦苇叶、竹叶还是香蕉叶，都有一股淡淡的清香，它与糯米的鲜香融合起来后，清新了鼻腔。你闻粽香时会发现，这香气直走鼻腔，清爽洗鼻，让人感觉仿若从山林归来。这清新之气恰与粽子的黏糯口感形成了对比，因为这样的气息，当我们吃到糯软的粽子时，总不会觉得腻口。

粽子的调味料里凉香、果香交织。粽子里单独用的调料有毕澄茄杆、草果粉，腌制粽肉的五香粉更是多种香料的聚合：花椒、肉桂、八角、丁香、小茴香、陈皮、干姜、豆蔻、胡椒，等等。醇香绵厚的冬菇，被鲜香的糯米包裹，融合粽叶的清香……一道端午主食里，满满的都是香气，直击我们的嗅觉和味觉。这些香料大多有消食健胃、理气温中的功效，于初夏品尝，再合适不过。

囊袋存香

“带个香草袋，不怕五虫害”，端午被称作“五毒日”，因此习俗里最重要的当数挂香囊。

香囊常用化浊驱瘟、散风除湿、健脾和胃、理气止痛、通九窍的香药材，如苍术、山柰、白芷、菖蒲、艾叶、麝香、冰片、牛黄、川芎、山茱萸、甘松、藿香柰、砂仁等，这些材料是中药也是香料。

中国传统用香里说的“香药同源”，很大程度上指的就是原材料的同源，香囊所用香材，大多都含有较强的挥发性物质，气味通过呼吸道进入人体，促进人体心理和生理的治愈、平衡，一定程度上可提高身体的抗病能力。夏季到来，各类疾病高发，故而端午节被视为警醒人们“盛夏即将来临，要注意防病祛虫”的节日。

端午我放弃了传统香囊的形制，特地手工缝制了些卡通香囊，送给孩子们。想来我对手工传递的味道是情有独钟的，因为这手造里倾注的人情，让香囊的芳香气味里，多了一种味道叫“温暖”。

泡酒洒香

古时的端午，有饮雄黄香药酒的习俗，因雄黄酒里含砷，是砒霜的主要成分，为了安全，这一习俗基本不被今人延续了，可一些地方还是保留了以雄黄酒涂抹身体的习俗，同时也将雄黄酒喷洒房屋各处，作为杀百毒、辟百邪之用。

香料泡酒在我国已有上千年的历史，根据功效和需求的不同，而采用不同的组方配伍，并非随意搭配。治病保健，外擦内服，饮用量与时间也有严格要求，光是这香料入酒就可另开篇幅叙述。

而今洒在房前屋内的香药泡酒，又是另一番味道。离开了熏炉的香料，在酒的催化下，气息那么醇正高扬，被香气清洗的又何止是房屋角落，连身心脏器也一同充满了清洁之气。

浴洗采香

采药是最古老的端午节俗之一，因端午前后草药茎叶成熟，药性好。端午清早，家里老幼便去郊野采药，多以艾草、菖蒲为主，在采药时还要进行报花草名、斗草的游戏，让端午节又兼具了传播植物知识妙趣的作用。采回来的艾蒲一部分挂在门头，剩余则与佩兰、白缅兰、侧柏叶、凤仙花、清香木等煮成药汤，用于洗浴。

端午蓄兰沐浴的习俗源于周代，五月里有采摘兰草、煮汤沐浴除毒的习俗，因此端午也叫浴兰节。屈原在《九歌》写到："浴兰汤兮沐芳，华采衣兮若英。"这里所用的兰不是兰花，而是菊科的佩兰，洗浴用的香药大多有解毒杀虫、祛湿化浊的功效。

燔燃祭香

除了吃、洗、采外，端午这天很重要的香用习俗还有"熏药香"——直接将晾干的苍术与艾草组合起来熏烧屋子。这种熏香的方法其实是延续了四五千年的最原始的方法——燔柴燃蒿，此熏烧方法目前在藏地仍有广泛使用。

而于江河边以香祭祀屈原的习俗，则是端午祭祀的重点，也有说是祭祀伍子胥和曹娥的，不过无论祭祀谁人，总得是要用香的，这一类祭祀香品被民间称为"阿婆香"——以红色纸包裹清香木、柏、松、香樟、蒿草之类的香料，中间放置一支木签。各地方的"阿婆香"配料会有不同，但都采用延续了百年的手工制作方法，它虽不登熏香的"大雅之堂"，却是如今民间祭祀用香里，最具手工情怀和天然价值的香物。

一个端午节，远不是吃个粽子这么简单，从香文化的角度看，这是一个将香料的食用、医用、祭祀价值完美融合、展现的节日，这样的节日不但让我们了解到香食的烹制，香汤、香囊、香酒的配制，也让我们认知到自然的馈赠，认知到历史的精神，体会到家庭的温情。

我们需要做的是，重将传统文化和习俗复原于生活里，端午节的小小风俗如是，香文化亦如是。离开品香室的“高大上”，我们的生活其实也处处活色生香，只是你得有发现香的鼻与眼，运用香的心与手。

粽子香，香厨房

艾叶香，香满堂

桃枝插在大门上，出门一望蒲儿长

这儿闻端阳，那儿品端阳

处处识香知端阳……

附贴：手作香酒

外用雄黄酒：

1. 雄黄选择没有白颗粒的、纯净的、黄色的较佳；

2. 50 度左右的高度酿造白酒 500 克（勾兑酒不可）；

3. 加入 5 克雄黄，柏子、桃仁、蒲根、艾叶、佩兰各 25 克，密封浸泡即可；

4. 每天正午取出，在太阳下放置三分钟。五月初一至初五取出，于房屋地板墙角喷洒。

雄黄具有腐蚀性，如果是内服的雄黄酒最好不要自己做。

温中消食香酒：

1. 50 度左右的高度酿造白酒 4 千克（勾兑酒不可）；

2. 可封口的陶瓷坛子或玻璃罐子；

3. 檀香 50 克、木香 10 克、小茴香 50 克、丁香 50 克、薄荷 150 克、藿香 60 克、青皮 50 克、桂枝 10 克、山柰 30 克、甘松 30 克、甘草 100 克；

4. 将以上香料切段或片，置于白酒坛子中，密封 16 日，即可开启饮用。

立夏——既见

小时候喜欢看树，抬头，看树就是树；后来学画，再看树时，树成了《芥子园画谱》里的各种笔墨；直到中年时，我才再一次认真地看了树，其实树就是树。

见一棵树的模样，包括它的姿态、它的生命。既见，云胡不喜？

岁月包裹了太多标准在我们身上，比如东西要得到才能心生欢喜，比如事物要掌控才能欢喜，比如得到的一定不能失去才能欢喜，于是渐渐地活得烦累苦楚。

活着本没有那么复杂，只需简单地做生命的观察者，遇见、既见、照见。见，只是见，见便欢喜，活在简单的知足之中。

夏天要来之前，与玫瑰庄园的主人约好的花期如期而至，一场雅集便开始于无声静谧的玫瑰色的花海之中。

大理是那种犹如单曲循环而让人百遍不厌的地方，睡觉、散步、晒太阳、看花……在这里你只想做让自己放松的事，足够放松、足够宁静，看到什么都是欢喜的。既见，知足而乐。

布席、安坐、焚香、吃茶，云淡风清，野径远芳，当下那一点真心不会在别处。

见一朵玫瑰的开放，包括它的颜色、它的形状。你不去想这花一直开下去永不凋落就好了，是因为你知道花朵必然会凋谢的本质，所以看花时只是做生命的观察者，简单看那朵花开，从容看它的凋谢，没有贪留的念头。既见，即是美好。

既见花开，云胡不喜？

天地有大美而不言，四时有明法而不议，然而有多少山水被路过！大理的水叫洱海，那是蓝色的天掉在了湖中，苍山如屏，凝固于天地之中。人在大理会更加渺小。你会羞涩，不知能拿什么指标来评判山水。万物自有本性，自然不为谁而生，人却有自己的标准，故有美丑。然而，去对抗丑或迷恋美，终归都是自我伤神的一番滋扰，于那些山水而言，毫无实质意义。万物不过是自然的呈现，人心较真，又于万物何伤？

山水就在那里，你见或不见，不曾为谁所动，所见美丑，动的只是你心，非山动，非水动。心若宁静，既见山水，无论美丑，都是自然的模样。既见，即是自然。

既见山水，云胡不喜？

见山见水，见大千万物，不如看见久违的自己。与自己和解，不做身心分离的苦者。然而，遇见自己并非看见山水花草那般轻松，亲近自己时，接近了真相，也感到了恐惧。自己是否全心全意地接受所见？心中那些被隐藏的愤怒、嫉妒、挣扎、害怕、贪婪竟毫无节制。当然，所见真实同时，亦见欢喜，心中那些聪明、善良、正直、爱与慈悲也坦然出现。

只有穿过那些自我保护和自我欺骗，丢掉自我维护的光鲜亮丽的形象，才能去擦拭干净那些纷扰和污染内心的东西。内心一旦清理便是光明，如实照见深处的自己，见，无所不能见。既见，生命真实。

既见自己，云胡不喜？

活着定会经历苦痛，经过那些低落、病痛、失去……但逆境不是阻碍，沿逆境而上，行走在伤痛之中才能收获宝贵的经验。要感谢那些苦痛，成就了毫无经验的你，教会了你如何去完善自己。伤痛的时光是一种考验，同时也是治疗自己最好的良药，要感谢那些伤痛的到来，令你能有所机会去超越自我。既见，逆境如良师。

既见逆境，云胡不喜？

既见，便是人生最大的收获。

这一场雅集，我想传递的也就是这个想法。既见一朵香气的飘动，便只做香气的观察者。从不执着于一种香的味道，渐渐放掉主观的评判标准，对这个世界中的人、事、物包容，不执迷于那些可有可无的东西和毫无意义的观点。你只做世界的观察者，那颗平常心看什么都会是平凡的喜乐。平常心才是最欢喜、幸福而又宽广伟大的心。

我用一朵花开的时间，既见时间万物；

我用一次呼吸的轻重，既见自然生息；

既见一切，云胡不喜。

既见之，悦于人，

见即止，心自闲。

附贴：香食玫瑰酱

1. 将早晨采摘的食用玫瑰花去花蒂、去花蕊；

2. 将花瓣以淡盐水冲洗后，充分沥干；平铺在阴凉通风处，经一天，晾干全部水分；

3. 花、糖比例为 1:4，加入红糖粉揉搓花瓣，使花瓣和糖充分接触；

4. 一直揉搓到花瓣与糖充分混合，花瓣绵软，花汁充分渗出，最终得到油光明亮的酱，即可入罐子腌窖保存。

七夕——女儿香

炎光谢，过暮雨、芳尘轻洒。乍露冷风清庭户，爽天如水，玉钩遥挂。应是星娥嗟久阻，叙旧约、飙轮欲驾。极目处、微云暗度，耿耿银河高泻。

闲雅。须知此景，古今无价。运巧思、穿针楼上女，抬粉面、云鬟相亚。钿合金钗私语处，算谁在、回廊影下？愿天上人间，占得欢娱，年年今夜。

——柳永

刚做好的一款香，取名为“织女”。闻着这些湿润的香气，想到柳永的句子。雨后的夜如此幽静，我将晾在竹席上待干的香支，又赏了一遍。每次制香，静待香品干化的过程，都像是在等待美丽故事的结尾。

古时的七夕节是女儿们的“香日”，一个处处飘香的节日。

这一天有的地方习俗是要用檀香制成线香，每十支一束裹好，称作“裹头香”，并以无数包“裹头香”搭建成牛郎织女相会的“香桥”，进行燃香。家里要摆设香案，祭拜“织女”和“魁星”。“拜织女”是女儿们的专属。月光之下，女子们在香案摆上各种瓜果祭品，并供奉插花——这是展示女儿插花手艺的日子。而祈祷用的祭香多为民间吉瑞香品，常以檀、松、柏、清香叶一类香材制成。

与其说这天是有情人相会的日子，倒不如说是女子争相展示巧慧的日子。那些巧手捏的巧果点心就不说了，亲手缝制的香囊也在今夜被悄悄送到了如意郎君的手里，檀香、肉桂、麝香、花椒都是制作香囊的热门香料，再偷偷放入相思豆、花生、百合。香于囊中，默默传情、暗暗飘散，留在郎君的枕边，远比那一口吃了去的巧克力要令人寻味得多。

“拜织女”当天要斋戒，沐浴更衣。女子们用新开的桂花泡水洗浴，让肌肤馨香，衣服则是头天晚上在“薰笼”上用玫瑰、栀子花、茉莉、檀香、丁香等制成的香饼提前薰好，次日穿时芳香沁鼻，举手投足间流香四溢。

这天重要的习俗还有“洗头”。一头乌黑的长发是古代美女的标志，因此七夕这天要祈祷更加美丽，就得先将头发隆重地梳洗一遍，让节日的吉祥祝福融进头发。

《拾遗记》里记载，古人用“茵樨香”来洗头。这是产于西域的一种香品，用来煮汤洗发，能使头发光亮香烈。五代《宫词》有句：“多把沈檀配龙麝，宫中掌浸十香油。”说的是洗发油内加入沉香、檀香、龙涎香、麝香等名贵香料，讲究至极。《红楼梦》写桂花油、花露油之类的洗头油，制法也无非是用油和香料一起煎熬。普通人家在七夕这天，则是用木槿花的叶子汁或者素馨花汁来洗头。

与其说七夕是一个生活的节日，毋宁说是一个女人的化妆品试用日。除了洗头外，这一天祭拜织女的香案上，还要供奉胭脂、花粉以祈女儿美貌。

胭脂以重要的香材“红花”制成，整花摘下，放于石钵中用槌杵捣烂，淘去黄汁，即成红色，经阴干制成稠密润滑的脂膏，也可与玫瑰一起制作成“玫瑰胭脂水”，用棉丝点擦。除红花外，还可用栀子、蜀葵、紫绛、石榴、苏方木等制作胭脂，通常以香花露蒸制，使其芳香。

最古老的妆粉有两种，一是以米粉研碎制成，另一种是将白铅磨成糊状，因铅化而成，故又叫“铅华”。《事林广记》载有以石膏、滑石、蚌粉、蜡脂、麝香、益母草等调和成的“玉女桃花粉”；明代有用紫茉莉花提炼成的“珍珠粉”以及用玉簪花合胡粉制成的“玉簪粉”等。

古代的妆粉分为化妆粉和肌肤营养粉两类，大多都配以名贵香料制作。《香谱》中有一款“傅身香粉”便是以英粉、青木香、附子、甘松、藿香、零陵香等香料细末混合制成；孙思邈的《千金翼方》记载的香粉法，则是将沉香、茯苓、鸡舌香、麝香等十四味香药分别做处理，再和制。

因说不尽道不完的美肤香品，女儿们的芳泽染香了这初秋的节日，七夕的浪漫许是因这些香气飘散而成的吧……

老家院子里的桂花也赶在这飘香的节前盛放了，许是怕错过了七夕的浪漫。我采了些花朵，蒸制成花露。一屋子的香气弥漫，薰醉了心田。想着用这花露和新做的线香在七夕之夜祭拜织女，当是多么虔诚的心意。

夜渐深了，还是这一席待干的香，散发着湿润的美。雨后的夜如此地静，遥想那灿烂星空之下，静美月光之中的祈祷，女儿的世界里飘散着花香、果香，她们脸颊晕香、长发垂香、衣袖添香、锦囊藏香……

远了那景那音，那香还依旧萦绕。此刻时间停摆，香满天地间。那美好的期待，甜蜜着心房。永远有多远，浪漫就有多远。

附贴：手作香口脂

口脂，唇膏的古称之一。由于现代材料、工具的丰富，制作方法与古代不完全相同。

1. 紫草橄榄油（古代用牛油或牛髓，与香酒配合来制作）、蜂蜡、白蜂蜜少许；

2. 蜂蜡与油，小火隔水熬至融化、混合，取出加入蜂蜜，搅拌均匀，待其自然降温；

3. 放至温度80℃左右，加入芳香油（油、蜡、芳香油的比例为3:1:1，当代多用精油，精油计量另计）；

4. 倒入陶瓷香盒，冷凝即可。

备注：

芳香油，也称香油。此香油非厨房烹饪用。香油类似精油，但是纯度不同。可以将沉香、丁香、薄荷、甲香、安息香、乳香、甘松、泽兰、檀香、龙涎香等各种香料组方和合，制成香油，也可以将玫瑰、桂花、茉莉等香花单独用作原料，然后采用挤压法、浸泡法等制作。

当代的天然材料中，蜂蜡可换为更柔润的茉莉蜡，紫草橄榄油可换为荷荷巴油、葡萄籽油。我个人觉得橄榄油稳定性更高。也可以加入乳木果脂、可可脂，令香脂更加丝滑、软化、沁润。

中秋——月下有香

中秋节前收到友人为中秋而和的线香“飞月”，启开香筒燃了一支，独坐院边细品。这香轻盈飞转，出烟洁白，飘过鼻尖时，似片片晶莹的雪花飞舞，在隐约的月光之下闪耀，散出清冽的馨香。此情此景，遥想旧时中秋，月光依旧，只是香已烬。

除去堆积如山的月饼，中国人与这个节日的传统乐趣似是渐远，那些古意不复的香案、那些月下祈祷的瑞香、那些赏月助兴的雅香，除了在几首古诗里出现，中秋之香离我们已是人到月亮的距离，想到这儿不禁有些遗憾。

古时，友人之间互赠自制香品是一种常见的寄情方式，香品如诗画一般可以绘景状物，可以抒情表意。友人之间，和香一款，不留只字片语，凭借一炉青烟的气味，便可让好友感受到自己心中所言、脑中所思。中秋月圆更是寄情抒怀时，此刻，品着这一缕清香，联想到古人的斗香雅趣，又何尝不是一种寄情抒怀。

月下斗香

“斗香”从唐宋时期上流社会的文人雅士之间开始，从北宋陶谷所著《清异录·薰燎》及明代周嘉胄《香乘》的记载里可窥其一斑。不过关于古人如何斗香的记录并不详尽，与斗茶一样，斗香大抵是古人的一种竞赛，而这种竞赛，由初始的对香料品质优劣的品鉴，渐发展为和香技艺的比拼，最终成了雅会香席的精神交流。

中秋之夜，文人们酌酒、赏月、拜月、对月焚香，当以何种香料搭配这满地皎洁的月色？若要借香气之意境来吟诵月光之圣洁，是否该有柏木与沉香？亦或以龙脑之凉香来应和这香案旁正盛开的桂花之甜香？或是加点琥珀，让香气宽广如浩瀚天宇？月光应着香，思绪无垠，香气也无限。三巡香品过之后，再为香赋文吟诗。

月下斗香，以“月”为和香主题，或借香气咏月赞月，或抒发香者节日心情，因景、因情而和香，应景应心者得胜。虽有胜负却不为争，虽说为“斗”实则是“展”，借一束月光，各展才情。斗香者，斗香艺高下，斗文思才情，斗琴香韵合，斗墨书连香，斗画意融香……

月下祭香

中秋之日，民间最普及的用香其实还是“祭拜香”。祭月、拜月少不了祈福类的吉瑞香。中秋夜，于家中庭院设香案、摆放月饼鲜果，燃烛焚香、对月祈福。相传宋代名臣徐铉亦是闻名的制香高手，所和“伴月香”是一款影响久远的历史名香，主要由沉檀、莞香、苏合香、鸡舌香、豆蔻、芸香、白茅香等和合而成。我的老师以印度紫檀、白檀、沉香、安息香、甘松、龙脑香等和的“青莲花蔓”，亦是妙曼如月光。月光里的祈祷，寄托给这些吉瑞的妙香，天地间也溢满了恒久的祝福。

而《红楼梦》里写的“斗香”则与上文写到的文人雅士的“斗香”截然不同。《红楼梦》里写的“斗香”，是一种由许多线香捆绑成的宝塔状大型组合香品，放置于地上燃烧，现在的苏北等地中秋祭拜依旧保留这种香品。斗香上装饰有彩色刻纸，内容丰富，有戏文、历史故事、民间传说、花卉、吉祥图案。据说唐宋时期已有这种“斗香”，并使用于寺庙，中秋节的用香规模，几乎与春节一样隆重，可见中秋之香，在民间祈福风俗里占据了重要角色。

月下食香

以香入食是香料的另一种运用，当香食遇上月光，那味道便更加妙不可言。对月当歌，容我为君斟一杯“桂花酿”，岁月再长不相忘。桂花的香气封存于酒，“但愿人长久”的祝福也通过这香酒沁透心田，以香料酿酒、泡酒，得香外之香。

从儿时吃到如今的一种“玫瑰月饼”，是以玫瑰花制酱作为馅料，一口咬下，满嘴的花朵芳香。中秋之日，家里一大早必定蒸制“米糕”，上面厚厚涂抹的一层，也是用玫瑰花与红糖制成的玫瑰酱，这些飘散着花香的糕饼一直是月光里最醉心的浪漫。

峡阳桂花糕里的香料则更为丰富，除了桂花外，还要配以肉桂、木香、母丁香、佩兰等香料制成“桂花酱”，拌以糯米粉揉制成糕。落笔此处不忍再写，那些香食之美已瞬间勾起了舌尖的眷恋……

桂树之下，月光之中，中秋之香静默飘渺。有家便有香火，一家人围坐团圆，融融笑意间，唯爱是真香。

霜降——霜降的柿子

在这霜降的日子里，分享一枚柿子的暖香吧。

这一场茶会，我用柿子的甘甜来“和香”，我用柿子的温暖来布席。你来，我暖心以待。

这一炉香所和香材有：檀香、柏、安息香、金银花等，取其清凉、绵柔来洗鼻，为的是让普洱茶的醇香更突显于喉部。这些香材大多适合秋天，祛痰清凉。

是谁说“秋色深了，一直深到了冬的心里”？用柿子的甘甜汁水来和了香丸，这一场香事便因为节气有了鲜活的微笑。

霜降后，昆明的天更冷了些，于是我格外增加了花椒在这款香里。花椒，作为古人的珍贵香料，在《诗经》里有关于它的美丽描述：“椒聊之实，蕃衍盈升。”

你来吧，热的茶，暖的香，等你。

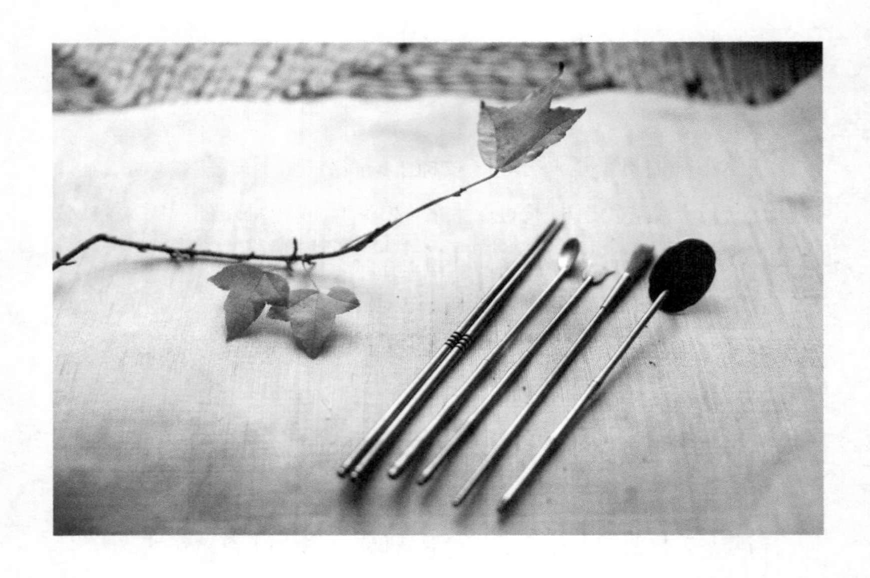

冬至——香真有意思，你闻，它才能活过来

我看见整座树林

寂寞地长在你凝视的眼睛里

你说冬天

冬天把自己都冻住了

鸟与老人们的阳光

要不要从叶子固执的相思中离开

你挡住我了

你挡住我了

最后一点飘扬的力量

承受不了

必然与善良

慢慢掉下来

这首叫作《冬至》的歌，是朋友年少时写下的。耳机里的这首歌还未唱完，那语言和音符便突然变成了气味，我决定和一款香以衬托此时的心境。气味与音乐相遇，此时，已是冬至。

香气、音乐与诗都是一冬的心思斑斓。

这首歌乍一听，便觉得有一些伤感，就像海南沉香里夹杂了当归和龙脑，宽大的低沉里又回旋着一些清晰的温苦和冷峻。细听下去，感到有心在挣扎，加一些香樟和丁香，挣扎才够透出力量和丰富。“你挡住我了”这句在高潮处重复，就像希望自由飘飞的叶子，对寒冷冬季的呐喊。我想，迷迭香的自由、琥珀的呐喊、烈香杜鹃的飘扬和安

息香浓烈的希望很适合这些遣词造句下的音符。

以音乐和香，不是头一回了，冬季里的温暖垂暮，香也成了歌词里的“鸟与老人们的阳光”。感知余温，青烟散尽，不过是一杯咖啡的时间。

香和至此，顷刻间又想到另一款为普洱熟茶同席而用所和的香“栖鸟”。新香尚在窖藏之中，忍不住取来独赏。“栖鸟不恋枝头，漫无目的是最大的快乐……不恋枝头，不恋枝头，我只是停下来闻了闻，新鲜的早晨”，香茅草、柏木、乳香、没药、龙脑、玄参一起构建了那些情绪，想来此香与这首叫《冬至》的歌、这款冬至的香虽然表现形式不同，却也有异曲同工的意韵。

品鉴

时：冬至

香品：首品，对乐和香“冬至”；再品，成品和香“栖鸟”

佐饮：无糖咖啡 /2006 年熟普洱茶

择器：柴烧粗陶 / 万仟堂炭炉

起香：拓燃法 / 熏埋法

鉴香：

“冬至”香：低沉而宽广，主木香、次花香，清香回甘，旋而透出潜藏的微苦和新凉，复合出草本沁心。厚度与穿透，希望与未来交织成最后一点飘扬的力量。

“栖鸟”香：气韵清晰而流动，主草本香、清凉，次树脂香、微辛、微甘，似有若无，花落残香，简单而暗藏坚韧，曙光将亮，轻扬自由，知舍得无牵挂。

冬至的应景香料很多，乳香、没药、艾草散瘀通络，易于养血；山柰、高良姜温中生暖；红景天、当归补血益气；康巴草、琥珀、柏木、薰衣草避秽、宁心。

冬至用香并非说只是冬至当天用，而是以此为日常调香方，令香谐和，整冬滋养。

四季养生，须符合天地时序。冬主藏，应将自己敛藏，所谓藏，即勿放纵，关键是要把心也藏起来，清心寡欲，清静而为。故而此季用香除了养肾敛藏、养血的香材外，应配合以强调清心静气的香材和用。冬至一阳生，此节气为阴阳二气自然转化，阴气盛极而衰，阳气开始萌发。除冬藏外，还得注意养阳，情志不可过极，或长夜不睡，思虑过度，皆易扰阳，入香亦可多考虑助眠宜神的配伍。

从香熏外用品来说，古代常用单料的艾灸和近年兴起复方料的香灸，都是以“三九灸”为指导的养生香用。俗语说“三九补一冬，来年无病痛”，夏病冬治，说的就是这个理。灸虽不能治百病，但可让免疫力提高，“正气内存，邪不能干”。适当的香氛，可让免疫力提高。

香礼

每当传统节令到来，我们关注最多的是“节令养生”吃什么，而我总想固执地让学生应着节气，制一些香品，供节日而用。在传统习俗中，我们仍旧能够窥见古代礼乐香用的一些痕迹，传统香用的习俗，全赖这些节令而得以存续。

民间有“冬至大如年”之说，上至宫廷、下至民间都极为重视冬至，从周代起就有以香配合祭祀的活动。汉代官府举行祝贺仪式称为“贺冬”。六朝时，冬至称为“亚岁”，民众要向父母长辈拜节。

宋以后冬至逐渐衍变成为祭祀祖先和神灵的节庆活动。明、清两代，皇帝均有祭天大典，谓之“冬至郊天”。不同时期，非但祭祀仪轨不同，香品制作方法、焚香方式及所用香料也各不相同，细说下去，恐三日也不够。

祭祀用香是香物的最原始运用，多以吉瑞香材入用，比如早期的柏木、泽兰、木兰、谷物，发展到后来的沉香、檀香、乳香、没药等。现在的民间祭香，天然香几近绝迹，化学品充斥了整个市场。

冬至日，分享一个私人香方，可表礼敬天地亲师之心，以香载礼，知礼敬礼，懂礼行礼。冬至，熏了一支香，它就活过来了。鼻子有一种魔法，就是能让所有的香气，都活过来。学习传统，就先从弯腰敬香，培养对祖先万物的恭敬心这一刻开始吧！

附贴：冬至礼香

柏木 6 克（酒制）、檀香 1 克（草木灰制）、石菖蒲 1 克、乳香 0.3 克、没药 0.3 克、高良姜 0.2 克，蜜水和后窨藏。

圣诞——我要往没药山和乳香冈那边行

我要往没药山和乳香冈那边行
直到天起凉风，日影飞逝才回来

——《雅歌》

是什么让我们如此倾心于香的魅力
我想不出哪一个宗教不用它们
西方基督教
东方印度教、佛教、道教
没药与乳香是宗教共同的祭典宠儿

圣诞老人与树，袜子与礼物，离我甚远
我想躲避人造化学雪花乱舞的街口
圣诞以主之名，阿门
今夜
乳香与没药会在驯鹿的角尖复活
没药是苦的，乳香是甜的
而远方的行者是孤影辛烈的

没药与乳香混合
空间必然充斥信心与希望
你会更坚定地相信远方
那个不会熄灭的理想

宗教里的没药与乳香

基督教

《圣经》里一共有一百八十八处提到香料，出现最频繁的就是乳香和没药。《旧约》记载，上帝吩咐摩西取相同份量的乳香、香脂、白松香和牛膝草，撒上盐，合成专供祭祀上帝的香，还特别指示他：不可按这方子为自己制香，要以此香为圣，为耶和华。《新约》里描述耶稣诞生后，东方三博士前来朝圣，带来了黄金、乳香、没药。黄金象征万王之王耶稣，乳香象征无上之神，而没药象征凡人肉身。

佛教

《楞严经》、《大日经》、《长阿含经》、《无量寿经》、《维摩诘经》、《华严经》，以及莲花生大士的《除污秽熏烟经》等诸多佛教经典都有关于香事与香料的记录。亦有细分：佛部用沉香，金刚部用丁香，莲华部用白檀，宝部用龙脑香，羯磨部用的就是乳香。而没药则与月桂、菖蒲油等用在仪式中，与护身符同佩戴于身上。

道教

道教最喜用的香料是降真香。部分道教典籍中有载，用青木香等制的“五香汤”可用于芳香身体和驱浊解秽。“五雷镇宅符”则是用包括乳香、沉香等在内的“七祥香”请神安宅，或以没药、乳香、血竭、朱砂、当归等和用以净宅。

没药与乳香的药用

除了宗教用途，几千年来乳香和没药在中外皆被用以入药，外敷内服均宜。在中医看来，它们都同归心、肝、脾经。乳香性温，没药性苦，服用少量乳香和没药有益于消化系统。古代兵士上战场时携带一小瓶没药乳香，以备受伤时消炎愈合之用，因乳香活血，没药散血，皆能止痛、消肿、生肌，故二药每每相兼而用。在古埃及的医药用途上，没药与乳香也是极其重要的防腐剂。

品没药与乳香

我喜欢没药清醒而强劲的穿透力，这力量远远超过其他香料，每一次使用没药与乳香，这厚重的混沌之心几乎都被其洞穿。它们犹如行者，没有太多牵挂，只剩满腹坚持，那如神明般的光芒，你看不见也能感受到，它们既能冲淡柔弱与怯懦，也能使炽热之情冷静、收敛。

闻没药之味：主清香、凉香、松香；次麝香、凉木质香，回甘、辛；微花香时短、稍带淡咸、暗藏轻酸，回转树脂香、墨香、药材香，微苦。

我喜欢乳香清楚明亮，又情深意重，藏着不造作的深刻，不肤浅的沉思，让人感到舒缓净化，空灵愉悦。它能说服世界安稳下来，它有情有义、正直善良，它也有爱，浅淡不拘，它又具备神性的居高圣洁，脱俗而质朴，坚强而仁慈。

闻乳香之味：主甜香、清凉香、树脂香，柠檬、柑橘类果香；次花香、酸、甘、清醇，微辛、微麻；淡乳香时短，回转树脂香、暖木质香。

注：以上描述的香均来自阿曼产区，不同产区和等级，香的气味会有个别差异。它们都是树脂，不能直接燃烧，但可以3:1的比例铺一层檀香或沉香在香炉灰上做底，以托住它们一起燃烧。当然，最好的使用方法是根据组方和合香料，制成香品来熏烧。

没药是苦的，乳香是甜的

没药与乳香混合

理想混合在信心与阻碍之上

没药山和乳香冈

那个苦是何等地大

那个甜是何等地多

在希望之上潜行、前行

念念不忘直到日影飞逝

灵魂光亮必有回响

元旦——茧不藏蝶

新年第一天，新的开始，想给自己燃一炉香，于是，遇见了这方席。

这些年布席，用过了许多席布和器皿，然而于我总是没有太多分别，遇见即用。就像走在路上遇见一朵花开，怦然倾心，抑或是偶尔在树下捡到的落叶，如诗胜画。如果遇见天阴或者雨天，就看着窗外的灰色，或者聆听雨滴划过窗户在耳尖坠落。

落雨后的昆明很冷，闭门不出是最好的选择。头上顶着的披肩有许多彩蝶盘旋。与一切相遇，不用任何期待和憧憬，美好就会在那里，在此刻遇见，这条披肩即成了香席。

缚茧与飞舞都是坚持

安稳和冒险不会不同

花朵都懂得了怎样绽放

芬芳与芬芳不会不同

每片花瓣都是最合适的栖所

蝶有语出，每根花蕊定能听得见鼓舞

这一刹那我想：

新来年，我们都要纵情绽放和自由飞舞

安稳和冒险无别，都是时间的划过与流失

这一个刹那，所有凝滞的皆可破茧！

席上所插辛夷花苞已是旧年地上所拾，楼下是不缺辛夷花的，整条路上都是怒放的紫与白，只是如今的我不太愿意采花，枝头的颜色总是好过在花瓶里。我常去花道班捡拾课后丢弃的花来重插，香席用花不会因为是捡拾来的就少了趣味。

人类与万物是最能对话的生灵，我们感知物也创造物，然后再感知我们的创造，物性中就有了人性。而人性一直在学习物性的自然，物性是自然的，人性也是自然的，这是人的智慧也是物的智慧。

器物的生命力，在你与它们对话的时候就会鲜活起来。香席就是物与你同在一起，你可以和席间所有的物交流、交融，你可以像品香一样，品读到每一件物的色、声、香、味、触、法。和香，和合的是香料，和合的也是大千万物，一方香席间，和合的都是一个香者的思想。

那么布席的要诀是什么？用心待物，物我和合。

将人文香席与传统美学相融合，数年来我一直坚持探寻和诠释此道。我期望，香气与感知能得到具象的体验及和合的呈现，当然，这个美学问题并不单只是视觉问题。

有蝶采撷云一朵

有蝶与花同争香

有蝶轻栖枝头俏

有蝶对吟曲同声

妙香飘溢众蝶舞

茧不藏蝶，飞舞就会美好

新一年，一切都会新生展开

每一朵花各自吐露芬芳

每一只茧成就不同光彩

我们都会充满风采

被新的时光祝福

充盈力量

生命就是一次又一次地

更新绽放

遇见之初总是怦然心动

结局总归平淡遗忘

我所知足的

只是遇见的那个刹那

感恩一切遇见

终究点亮所有未来

四季香意——春

梨花皎月。梨花香不浓艳不雕琢，不刻意停驻，只是一阵素淡、朴实、娴静之气。在中国人的审美中，梨花的香气轻盈、似有似无，若不仔细专心地品味，它很容易就从鼻端流走。正是因为这一韵味，古今多少诗文描摹此香，诗文的字里行间也试图去留下那清雅的素心。

做“梨花”为题的和香香品，定不能生造作滋味，亦不可以浓香、高香、丰满求变之香作表现，需扣题“素、淡、纯洁之韵”，内敛暗香、素朴之香。

暖烟迟日

醉风香雪

飘洒玉玲珑

几片落朝衣

红袖添香枝头融

把盏吟远洗妆眉

斜阳照溪月

花飞自在绮罗芳

料得云入梦

笑谈忘归途

附贴：香食桃花酥

时令香花入食，尤其有风味。春天里有一种花与梨花前后开放，却以灼灼芳华之容另辟春光一半，这就是粉嫩妖娆的桃花。取了桃花瓣做成“桃花酥”，装点春天的茶台，品茗焚香尝佳点，春花满目、芳香满鼻，春意更满了舌尖。

原料：

油皮 120 克（普通面粉、食用油）、油酥 90 克（低筋面粉、食用油）、桃花馅（新鲜桃花 50 克、白糖粉 145 克、干炒花生 160 克）、水 40 克、蛋黄 1 个、黑芝麻适量。

制作：

1. 桃花馅：去花蒂以杵臼将花瓣、糖及无油干炒去皮后的花生一起捣碎，或以打粉机打碎待用；

2. 油皮、油酥分别和好，醒面 20 分钟待用；

3. 油皮分成每份 20 克，油酥每份 15 克，分别做成剂子，以一个油皮包上一个油酥搓圆收口待用；

4. 分别将包好的油皮和油酥剂子擀成长条，再将长条卷起来。全部做好后，醒面 10 分钟待用；

5. 将卷条按扁，再擀成圆形面皮，再将桃花馅包入面皮中，做成圆饼；

6. 用刀在圆饼上均匀切 6 刀，用手指捏出尖部，形成花瓣形状，即成桃花酥生饼；

7. 将做好的生饼放入烤盘，打撒蛋黄，涂抹于饼中央，洒上黑芝麻装饰；

8. 烤盘放入烤箱中层，200℃烤 25 分钟左右即可。由于各烤箱有温度差，时间和温度可自行调整。

四季香意——夏

荷花纯洁，清香远溢。它清净、善良、自然洒脱、幽香不住，它嫣然馨美、沁人心脾。中国传统荷花意象被国人赋予了吉祥和合、美好高洁的含义，其形象或红芳颇异，或光洁如雪。

以荷花为题的和香香品，气味当涤除不洁，以清净身心之清香穿透，并扬洒自由之韵味，以不浓不淡、不寒不暖、不甜不腻之花香、清香、远香、幽香来表现其“不以物喜，不以己悲”的清净香性。平和淡雅之香，明照万物之气，不垢不染之意，正是荷花香意的表现。

山光西落时
池月可在东
和露清清响
独坐墨莲间
叶连连
不见鱼戏南
流萤栖青炉
泛水荷风香
延绵绵

附贴：手作百里香茶

原料：

海南青金桔3个、黄柠檬半个、青柠及绿茶适量、百里香叶及百里香适量、鲜薄荷少许、丁香少许、冰糖粉适量。

制法：

1. 百里香、香茅草、丁香、青金桔、青柠檬与冰糖粉一起先泡水，加热至微热，煮汁；

2. 煮热后再放入绿茶、薄荷，一起泡3～5分钟后，与蜂蜜一起搅拌均匀；

3. 放入青金桔片、黄柠檬片、薄荷叶、百里香叶做装饰即可。

四季香意——秋

（一）

我来迟了

不曾见那脸颊抹红

你说刚好不晚不早

多么明亮的一抹温暖

刚好落下

残蜕的枫叶

如你所说

不晚不早

每个遇见都是刚好

而我，刚好来迟了

最美的残叶

和最后的阳光

不晚不早

（二）

低头就是旷野

我决心在这里生活

和野草一起居住

和蚂蚁一起匍匐

那些南飞的候鸟在等我

风和阳光已准备好

时间来过，生命也来过

无需碑文

我在那里自由生存

霜叶温暖，默然怀远。怀人念远、旅愁乡思是中国人心中的秋思情结。万物于秋，归向凋零，枫叶新丹，园林萧瑟。霜叶，带着木香、清香、茶香，游离在冷风秋霜间，香气并不久留，却有一种化根土、荡无畏的不悔气韵。

做“霜叶”为题的和香香品，可入树脂“乳没”二味，令寂寂待冬来的气节暗存一二。此香品可择清香、木香、草本香，用带暖还凉之味，透出悠远和少许愁思，但同时要注意那哀而不伤、清而不凉的感受，让气息终在一抹红的余温中照亮孤远的淡心。

附贴：手作香饰之包挂香牌

原料：

香粉、水、甘油、模具、粘粉、蛋清、玛瑙粉、竹签、细纱布、棕毛刷、银器抛光布、珠子或流苏。

制作：

1. 将香粉、玛瑙粉、粘粉按 4:0.1:1 的比例混合均匀；
2. 将水、蛋清、混合粉和成硬泥；
3. 将少量硬泥塞入抹过甘油的模具，填细腻、填结实；
4. 脱离模具倒出香牌，用竹签开孔便于结绳；
5. 晾干香牌后用细纱布、棕毛刷、银器抛光布打磨抛光；
6. 编上珠子或流苏等即可。

四季香意——冬

梅香无边

风无边

我要赞美冬天

别说严冬萧瑟和凄凉

旷野之上花开依旧

想起冰雪的礼赞

我便要踏歌而行

与那一棵掉光叶子的树

等一朵怒放坚持的花

那片冬日的光

便会刺穿云端到来

悬挂在枝桠头上

守着一粒尘埃微笑

穿过声音的丛林

赤足来到这里

芳香温热的大地苏醒

万物将生

灵魂多么渺小

谦卑就此发芽

梅花高洁，香自苦寒，气节高坚，俊逸默然。在中国审美文化中，梅花是坚强、谦虚、无争、鄙俗、圣洁的象征。此花，色香俱佳、独领天下。国人既寄情于其脱俗贞洁的贞士情操，又暗喻其逍遥自适、与世无争的隐者美德，更喜以其清冷淡雅之美的霜雪美人意象来怀爱传神。梅乃春信使者，带着希望与未来，既出世无争，又隐世深情。红装不俗，素裹不凡，浓妆淡抹总相宜。

做“梅花”为题的和香香品，可取温暖、甘甜、却又不过于粉柔腻鼻的香料，花香可存，并清淡、飘逸，气韵坚韧穿透，不宜用厚重沉闷的香料，空间宜悠远亲近，上扬下沉。不宜取材沉麝，可于木香、凉香、回甘、清香中少藏花香，悠远清凉中要见亲和温暖。我心中的梅，其骨子里的希望和坚韧常以低调和谦逊来表现，所以香气里应该深藏那种坚韧，故崖柏、乳香会是选择之一。

附贴：手作香炭

香炭，是于炭中加入香料的炭饼，古时也称作“香饼”。香炭常用于“暖手炉”，也可用作日常养炉。暖手炉又称作“袖炉”“手熏”，是旧时人们冬日里掌中取暖的常用器物。

原料：

荔枝果木炭粉 30 克、糯米淀粉糊 1 克、蒸枣泥 0.5 克、蜀葵花 4 克、桂花 1 克、丁香 2 克、茄根 2.5 克、蒸枣汁、梨汁适量（过筛滤清）。

制作：

1. 将以上材料研磨成细腻粉末状，过筛，留下均匀粉末待用；
2. 将粉末与淀粉糊、枣泥充分拌匀；
3. 加入适量蒸枣汁、梨汁，调和为炭泥；
4. 炭泥充分揉匀，填入梅花状的雕花模具后取出，晾干即可。

备注：

用作熏香的炭，可根据需要减少使用香味重的材料，单纯用作暖手的炭，则可以根据个人喜好调节炭饼配方，令香气悦己。

在密闭门窗的屋子或车厢内是禁止使用手炉熏炭的，防止二氧化碳中毒。

第二章　情致篇

行香山水间

数年来，我的室外香课从未间断过，哪怕是数九严冬的时节，或者阴雨连绵的黄梅天。每一期的课程都是“美好”的，“美好”就是在最美的香事里，遇见最好的你！

看山

芳泽十步熏，艾叶幼芽入汤新，梅杏青红，布谷着枝，流云收初暑，芳菲转，竹摇清影自在香。

我们来看山，看山还是山，放下“看”字，不如触摸山。安静落座，默默品感山的线条、山的温度。你可知道阳光的味道？又可否品到清风的韵律？

泥土与竹叶混合的香气，松涛与鸟鸣应和的韵律，此刻，和一炉香该是怎样的颜色？那些光阴和光影交错出时间的滋味，以芳香描摹的图案，终究要在心间映照出光明。静谧的香气，不增不减。斗室之外晴好弥香，自若呼吸，便知万物有情。

赏花

一朵云飘过树梢，成了枝头的梨花。花开的湖畔，吹过徐徐凉风。大自然是一炉和美的香。浪涛拍打岸边的泥土，留下海藻的鲜凉。泥与水的和合留下素朴的馥香，远处的野百合摇曳着金色的暖香，悠然看见格桑花蕊的淡香在丛中清扬起舞……

冷泡的花茶、炭熏的香丸，和上水花的声音，此刻，扯一片阳光熏燃此香可好？香，是自然的，人，也是自然的。

黛眉山色初装浅，含笑开后海棠红。燕子来时，蜂蝶舞。今时焚柏子，何日酿桃花。松关寂，檎树静，留将一味度光华。

听风

听风任自然。

听，春来处处自芳菲，听，鱼鸟山水亦相忘。风如故，听风在江南的春，看水墨清影、云树半晴、龙井杯中绿。剪一段时光放在杭州的风中，这里，有一篆香微温。八百年前，是谁的龙麝醉了钱塘，谁的柏实涤了西湖。

布席溪边湖畔，香中听风，随风觉香。听，无刻意捕捉，让声音自然而过。春日柔风轻暖，夏日热风绵绵。

酷暑炎夏，江南的风与香气相遇，便有了一炉清凉的香。落席之际，学生都汗流浃背，于是即兴和了清凉祛暑香。一巡香起清凉入鼻，两巡香过众人汗止，三巡再闻清风自来。任凭热风恼蝉鸣，香中闲适自在乐。

深秋书舍，雨后凉亭，起炭热炉，便有了枫叶下的一丸暖香。一巡初传，便在香中闻到明媚阳光，暖身香韵退去凉风，风也变了它的温度。

凉风里和暖香，暖风中品清香，风从四季吹开了一个诗做的江南，香在炉中熏出了一个江南的四季。

有香

云南的土地总有阳光陪伴，在花草繁多、不分四季的昆明，隐藏着一座被学生戏称的“卓玛香山”，这山不大，但很安静，无人打扰。山里植被丰富，生长着许多香材，随手可得苏荷香、艾草、侧柏叶、柏实、柏木、松、辛夷、木兰、蜡梅、梅、含笑、深山含笑、尤加利、香樟、白芷、松香、薰衣草、孔雀草、藿香、杭菊、蔷薇、女贞子、酸枣仁、积实、楠木、榆木……

我的课堂是严禁学生们浪费花草的，更不允许乱采。若你需要十朵花，请留第十一朵给蜜蜂和蝴蝶。进山开篇语，我引用的是《说苑•谈丛》里的“十步之泽，必有香草”，习香培养的不是单一的“嗅觉”感知，而是五根六识整体的感受能力。发现芬芳、感知芬芳、表达芬芳是香气美学的组成部分。香者用香当取平常心态，不舍近求远追逐珍稀名贵香材，而要善于发现身边的芳香，养成知足常乐的用香修养。

通常，室外课的第一泡茶都是采山中的香花草入汤。春饮梨花，夏喝竹芯，秋泡菊英，冬啖蜡梅。一年四季这山中的香花草是不绝的，每个季节都能采到最应景的香草。

四季有冷暖，花叶有生落，变幻多莫测，当作素静心。

见香

户外课和香，都是对山对水的即兴和香，每一次和的香都不相同，也从来不事先准备好香方。到了山水间，在此情此景之下，激活灵感，想到什么和什么。犹如诗画乐曲的创作一般，香的创作也存在很大的"即兴空间"可探索。就人文类用香而言，香品本身就是气味艺术的一种表现形式，以气味来写景、状物、抒情，香气语言的即兴创作成了户外雅集中情景交融的意趣。当然，即兴创作的香品只适合用作临场的趣味把玩，并不适于日常大量熏燃。

那是某个冬日的梅树下，我举手采一朵梅花做引，梅的"清洁、坚强"启发了此次课程即兴和香的韵调，我亦想在香中送出我对学生们的祝福，便择适宜冬日养生的香材，欲构建香气的花香、清香、木香、暖甜变化，营造温暖生香的韵律。

即兴香方于脑间成形后，即取调香碟，逐一往内添加、和合各香料。这时，一阵风吹落了些梅花瓣，飘落下来，正好落在了我的手中。一瞬间，我停下了搅拌香料的勺子，突然感触到生命的生与息，想到人的生与死，花的春与冬，残败的苦和重生的新。人一生的曲折经历，花仅有一时的光鲜亮丽，一切的一切，令心中突然感慨，人的浮沉悲欢，就如这花开花落一般，又有什么出路以对？不愿悲喜随境迁，只能不动心以待。想到这里，我又加了几味香料进来，使之前构想的香方在韵味上转换改变，以呈现枯荣交叠和岁月的生息流转，最后将香意的主题落定在“万象经历之后，归于宁静空寂”。

按照惯例，即兴和香的品香过程皆以“止语”为规则，学生之间不得对香品的味、韵、意境做相互讨论，我也不事先提示和香的构思主题及配方的任何信息，大家完全以“盲品”的方式对即兴香品进行赏析，学生品完后，将各自的品后感记录在香签上，三巡香后统一交流分享，以此方法来尝试探索关于香气的表达能力和解读能力。

三巡香品毕。有人说此香犹如人的一生，从年少到成长再到年迈；有人说，此香像是在描摹弘一法师的一生经历，从萌动到成熟到蜕变解脱；有人说从此香品出了活泼到刚强，温柔到宁静的气质，令她在想到了“零落成泥碾作尘，只有香如故”之后又体会到了“心如明镜台”。

即兴和香，不是随意的香料乱配。香师的思想也需即兴表达在香气中，并且这种表达，要能让人通过鼻端的品闻解读出来。一个香师的幸福大概就是，所和之香，能有品香者来识味、知韵、解意。

觉香

香有味，亦有形、色、声、意、韵。邀一缕山风入香，香非香，山非山，你品到的可是暗香盈盈的自己？技艺皆可复制，心香则不能。你，才是最重要的那一味香料。

身有清风拂照，鼻有暗香绵绵。安坐、净心、放空，识香、品香、知香、觉香。

行香山水之间，为的不只是采香入佩，讨喜鼻端，若说“十步之内有芳泽”，那么“一炉之内则心安”。行香山水间，行香心安处，得此真味，便是芬芳。

我们悦山，我们乐水，我们择香制芬芳，为的不是摆设风雅事，而只为遇见那一瓣初见的心香。

附贴：品香香鉴示例

时：2016 年 1 月 13 日。

境：云南昆明山地，梅树下。

因缘：和香雅修课学生一行 13 人。

品香签：

闻香：花香、甜润、微辣、暖且有清凉变化；甜味升腾，蜜香出，木香，次果香甘，转醇美。

品香：香气有清洁感，摄心，有张力。橙色的柱状、放射状香气叠出。有安全感，气息上行，之后转而下行，身体温暖，有生命勃发感。香气在空间，厚重、高远、绵长，香云流溢。

香意：身念念处念几许，花落落处落几方，峰回路转前朝梦，心止一水脱根尘。

觉香：初觉观己——专注香气中，觉察到品香时的猜测与刻意，转念安住。

行香山水间组图

《村庄》

香品：文人香“于归”（窖藏两年余香粉）。

香味：木香型甜香为主调，变化花香、果香，微酸，草香、树脂香。

器具：柴烧炭篆两用炉，插瓶、粉罐三件，竹柄黄铜火攻具五件，竹编木柄香盘，心字香篆。

行香法：拓燃法（打篆法）。

行香处：云南建水团山村。

心境：老村沉静，似香归于沉积，土木房舍与木质香气亲切交融。

《光》

香品：文人香“宁”（窖藏六个月炼蜜香丸）。

香味：蜜香型甜香为主调，变化凉香、草香、木香，辛甘、咸、奶香，微苦。

器具：柴烧炭炉，土陶香碟、土陶插瓶，黄铜火攻具五件，米白色粗麻香席、深绿灰色细麻香席。

行香处：云南昆明，无名山间。

心境：阳光温暖之秋，微凉与“宁”香相遇，甜暖却恬淡。清风徐来，日光拥静，熏炉微温，香与景相融。

《梨花季》

香品：文人香“香雪”（新制香粉，窖藏两月）。

香味：木香型草香调，变化凉香、树脂香，微花香。

器具：土陶云纹篆炉，土陶香罐碟，黄铜火攻具五件，粗麻香席、竹香席。

行香处：云南呈贡，万溪冲梨花田。

心境：梨花素雅清凉之美，与“香雪”香之素淡内敛气味相和，视觉与嗅觉合二为一，温馨素净，清淡静简。

《秋林》

香品：养生雅赏香“芦荻”（新制线香，窖藏三个月）。

香味：木香型草香调，变化树脂香、凉香，微花香。

器具：汝窑五件套，黄铜火攻具五件，乳白色麻香席。

行香处：云南无名山间。

《五月玫瑰》

香品：养生雅赏香“兰蕙”（窖藏三个月香）。

香味：草香、木香，变化花香、幽香，微清香。

器具：蓝琉璃六件套，纯银火攻具五件，白色纸香席。

行香处：云南大理，“花伴一生”玫瑰园。

《夏蝉》

香品：即兴和香“清凉解暑香”（制过香料粉，和丸）。

香味：凉香、木香，变化草香、花香、树脂香。

器具：陶上釉熏炉五件，黄铜火攻具五件，淡蓝色纸香席。

行香处：杭州，西溪湿地。

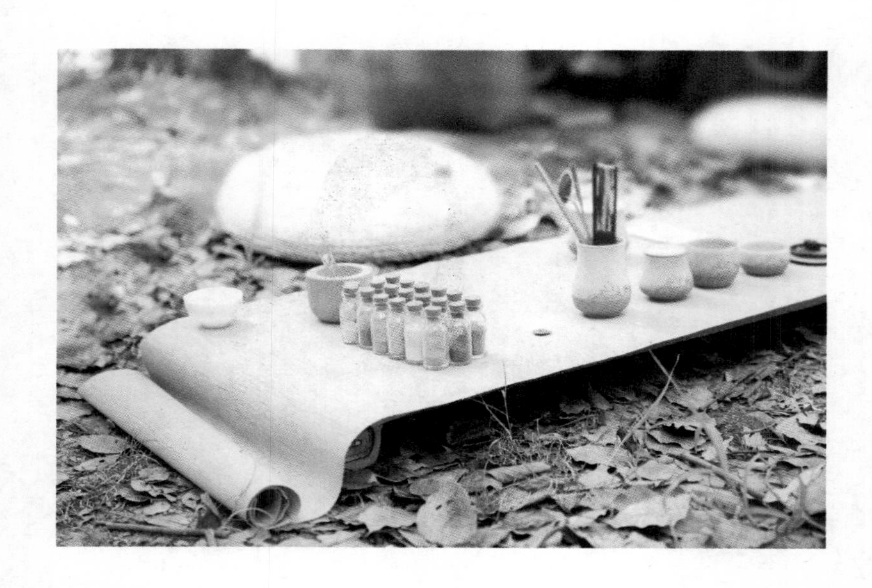

《雨中亭子》

香品：对景即兴香“夏长”（制过香料粉，和丸）。

香味：花香、木香，变化树脂香、草香，微凉香。

器具：青瓷熏炉五件套，黄铜火攻具五件。

行香处：杭州，西子湖畔。

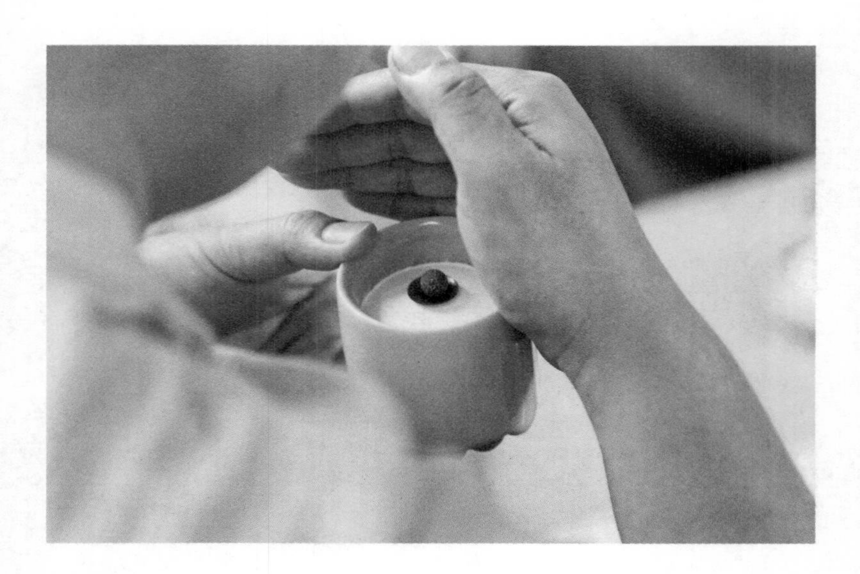

茶香共赏

若茶听香

明代万历年间的名士徐𤊹在《茗谭》中讲道："品茶最是清事，若无好香在炉，遂乏一段幽趣。焚香雅有逸韵，若无茗茶浮碗，终少一番胜缘。是故，茶香两相为用，缺一不可。"

闻香与品茗，自古就是文人雅集不可或缺的内容。品香与品茶有共同之处，虽都寄托于气和味，却又远远超越气与味之外，二者对颐养心性的追求可谓异曲同工。一茶一香之中，以意静，摒杂念。鼻孔的舒畅、咽喉的甘甜、身体的沉静、心灵的放松，是传统文化借物养性的特点，更宜于今人在繁杂纷扰、压力重重的生活中所用。

晓风遇见熟普

我闻到，雨前的苔藓

许多阳光

被慈爱的土地，锁在

长满菌子的坡地

雨和雾，一直宠到

叶子的血脉里

满嘴的山中岁月

静好时光

在晨起的清风里，温一壶熟普，佐一个人的早餐和一页书。茶穿过舌尖，不经意地滑出缕缕温暖。你缘何一直如此沉寂、温润？或许佐一炉清新绵凉的香来洗鼻，更能回味你的醇和。

取来调香盒，香叶、金银花、苏门达腊安息香、沉香……数味香材一起调匀，再用数滴玉龙雪山的雪水调和成丸。一粒香丸在沐沐清风里，与普洱的微温交织，飘散了一室陈香。

生茶的甜蜜往事

一粒汗珠
跳跃
你在晃动酒杯
看我嘴角上翘
那些肌肉撑起的高大
瞬间令天空窒息
没有飞鸟划破
你的影子
依旧太过强大

又想起你，我知道我又想你。那天的雨里，一杯生茶上桌，霸道而高扬的气韵，顷刻使我眩晕。只是一口茶而已，我却阻止不了你的占领。喝一杯茶，想一个人，一样的味道。生普洱，今天的心情就不该喝下你，我改变不了你，阻止不了你，能做的只是焚一炉香，用花的蜜甜化开你的霸道。

这款香定要有檀香的细腻圆润，再配以菊花、枸杞、枣泥。一炉

甜蜜暗香，勇敢地飘向你，我们能否甘苦与共，先苦后甜？我默而不语。此刻，我知道，甜蜜遇上生普洱，是最好的邂逅。

那些“清”字派香，终会安顿这个夏天

夏季属火，通于心气。炎热天，人易烦躁，身体疲累时，人会更加烦闷。但有一些香气可以化解烦恼，让思绪安顿在宁静清透之中，让身体放松。

“清”字派香品，以清心、舒缓、安宁、清静的基调组方，最宜炎夏相伴，是生活中不可多得的清友、静友。

清心醒神之“栖鸟”

六月闷热，看见时间疏密有致。和那香“栖鸟”一样，我在夏日的早晨醒来，燃一支香唤醒身体，在美好的香氛中叠理被褥，心情也开始清新起来。香气能直接令大脑快速清醒，而清凉的气息开始在空间中流淌。

“栖鸟”香料用了香茅草、柏木和沉香，这淡淡清香最是令人静心，袅袅娜娜的缥缈香气清空了心中烦躁，而柏子仁、薄荷和龙脑醒神，更让香韵中充斥了凉爽。这些“清”字派香料和合出来的香品，有木本的平和，草本的清凉上扬，丝丝缕缕沁入身心。“栖鸟”是清晰、简单而自由的，就像这早晨的窗外，摇曳于目的一树翠绿。

取熟普洱泡上，早餐之后，最美好的闲暇时光应该交给书本和茶杯。

熟茶气韵沉稳内敛，像是历经岁月的沧桑。温润的茶汤缓缓流淌在口腔，心安稳极了。一丝轻薄的香气清晰地飘扬过来，自由的“栖鸟”，

坚定、果敢地藏在清凉的草木香气背后，一瞬间，仿佛看到了风雨过后在枝头眺望山崖的那双翅膀。

合上书，静默，感受这一沉淀却自由的茶与香，鼻腔与口腔的分隔模糊了，美好的夏日只留下清新安稳的气息萦绕。

“栖鸟”的草本香、凉香与温暖、陈香的普洱茶相和，鼻端与舌尖形成了对比，鼻腔的清凉更突出了舌尖的温润。

功用：

提神醒脑、除乏解压、夏养清心、早晨醒神、净化空间、雅集添趣。

品赏：

佐茶：熟普洱茶类。

配乐：《觉醒》

用香时间：早晨、午后；读书、写作、疲倦时；喝茶聊天时。

闻香气：草本凉香、清香、甘，木香、树脂香、辛，微花香、甜、苦。

品气韵：平凉上扬，丝缕状，远、高而近。

品心绪：清新、清晰、简单、自由、坚韧。

知意境：飞鸟不恋枝头，断舍离、怀自由。

清心安神之“星花”

有一座花园

它寂静微笑

明月暖黄，星光走远

你来，我们煮水度日

让风穿过手指

不忆从前，不话沧桑

今夜，歌声只闻花香

此刻那一朵野菊

是大地，最明亮的眼睛

音乐是夜晚令人安心的一剂汤药，关了灯，可以不必辗转在榻，有一个方向会跟着音符静静地飘出芬芳，包围你的周身。星光下的静谧大地，寂静花园里清风徐徐，一切静好，只等你来，我们便可煮水烹茶，度过一些值得的时光。

“星花”以沉香、玄参勾勒了一个宽广而寂静的夜晚，也构筑了整款香的香气宽度与安稳感；柏木、绿檀则让岁月或时空宁静悠远；薰衣草点缀了安宁静怡的当下时光；柠檬、荜澄茄、金桂则点亮了那些零星闪烁的光圈和曾经的故事，同时也令香气变化出果香、花香、甘和酸，以增加香韵；龙脑则描摹了香中清风徐徐的意象，清静、轻松、通透，同时令香气生出韵律；没药是干净的，洗涤烦躁的心思；绿檀是知性的，明晰了一切只在当下。

这时，你可以单曲循环，时光便静止了。一天的疲累，也可以在这香气之中，随着一壶刚劲霸道的生普消退了去。香是沉静的，茶是清冽的，刚柔同味，只在当下。

功用：

安心宁神、除烦、舒缓疲劳、净化空间、雅集添趣。

品赏：

佐茶：生普洱茶类。

配乐：《孤孤单单的一座城池》

用香时间：夜晚、午后；小憩、发呆、疲累、烦躁时；喝茶聊天时。

闻香气：甘、木香、草本香、花香、陈香、蜜香、酸、树脂香。

品气韵：温、下沉，片状，远、高、空。

品心绪：安稳、放松、沉静、明了。

知意境：月暖星高，不忆从前、不惧将来，当下即是最好时光。

清心除湿之“落风”

风总有过时，而此刻，风落了下来，它停住了。

“落风”无法为你吹起真正的一阵风，在香气的意象勾勒中，这款香试图借助风的停落，表达人生中的那些得失与放下。香跋说“飞翔并不需要勇气，而落下需要”，我们曾经有多少勇气是在飞翔之中流失，而又有多少智慧在停顿中领悟。香跋还说“比自由更自由的，是你的心吧”。身累了，心却停不下来休息一会儿。

“落风”以柏木和沉香作为基调，构建了香品的沉稳和悠远；崖柏、乳香显现了壮志之情；烈香杜鹃、藿香则展现了身外的放逸；琥珀最后点出了空净之韵。

烦恼的时候，焦躁不安的时候，不如燃一支“落风”，感受它传递的清逸和洒脱。在连绵的阴雨天则更适合佐上好茶，消暑、除郁、祛湿。

以风之名，落下，落进每颗躁动却疲惫的心脏里。

功用：

正气除秽、清静身心、净化空间、雅集添趣。

品赏：

佐茶：乌龙茶类。

用香时间：阴雨天；小憩、发呆、烦躁时；喝茶聊天时。

闻香气：柏木调木香，清香、甘，草香、辛，陈香、凉，墨香。

品气韵：平，片状、缕状，轻、高、远，动律、下沉。

品心绪：清逸、洒脱、安稳、朴实、肯定、信念。

知意境：岁月终归落在朴实的日常之上，放下，是人生最好的总结。

素梅

素，本色、质朴、不加修饰，梅，高洁、坚强、谦虚、不争。

母亲说我出生的时候，正好有一树的白梅开了花，于是外公说，就叫我“素梅”吧！梅花寒冬吐蕊，让我有了一个不加修饰的名字，而以前我一直不懂这是外公给我的人生最好的祝福。我用了三十几年的光阴，才明白外公对我的这份期望。那些逝去的时光里，我努力坚强、试图高洁，也自律谦虚。唯独这“不争”，耗费了我最漫长的岁月，直到某天我端起香炉才渐渐体会到。

与别人相争容易觉察，与自己较劲最不自知。大多数时候，我们并非与他人相争，过不去的不过是自己骨子里的执着罢了。

又是一年梅花开时，寻了两日的梅，在昆明附近终未寻到成片的梅林。于是想，那就赏一树独梅吧，有梅香可寻，也应该知足了。梅花的香，清幽若隐，甘醇若现。阳光灿烂的冬日，置席于树下，对花焚香，和应其味。

昔韩熙载谓：“木樨宜龙脑、荼蘼宜沉水、兰宜四绝、含笑宜麝、

薝蔔宜檀”，说的是对花焚香，桂花与龙脑香最相配，荼蘼花则适宜沉香，兰花与沉檀、龙麝等四名香都适宜，郁金香（一说栀子）与檀香可和。这样的搭配虽因人之喜好而异，终不抵花下燃香的乐趣。

清疏的花枝与静雅悠远的炉香相得益彰，亦是香之和合雅趣。

梅不与百花争，正是其素简之品格，以何香味最得相宜？在我心间，素简香气非沉檀龙麝，非乳没蒲芷，而应是香者的素心一瓣。素简之心暗合梅香之不争。常常听说“素心一瓣”，可深究此心之人并不多。

素心，是简单宁静没有杂念附着，没有造作修饰的本色之心，应是人之初最朴素的那个心态吧。假如说饿了就吃是最简单的心，那么，饿了想吃东边的粉、西边的瓜，或许就是复杂的心了吧。

这漫长的成长里，向外找的东西越多，内心反而越加复杂纷乱，相争较劲也就多了起来。此时想来，也是不必要的负荷，大可一件一件卸载。

冬日的梅，做着最简单的自己：绽开，吐露颜色和芬芳。赞她特立独行也好，傲骨坚贞也罢，其实你想多了，她只是自然地开放，这是作为一朵花，最自然的本性。

想多了的时候未免会心累，所以，休息一下，这一炉香也不必那么复杂，简单的气味就可以表达此刻的心情，简单到香味可以不是重点、香材也不是重点，唯有此刻在梅影之中，随香烟袅袅而起的那份飘逸洒脱的素心才最珍贵。

我在“三识鉴香法”里提出，深入品香可以“无香而品”，寄“有”于“无”，谓之“觉香”。觉香便是以最自然、简单、素朴的心，在香气中观照自己，香气启迪带来的是自我内心的觉知。香只是一个外

媒，终究需要回头探知的，是自己在香气中的种种状态。品香，是一个渐次明晰自己的过程。用香，并非追求绚丽华美的气味变化或是贪恋香料的稀缺、名贵。黄庭坚在《香之十德》说到“清净身心”，香气颐养的最终落点是在自我身心的“清净”上，这一份“清净”，便是由一颗简单的素心开始的。

在事香的岁月里，香熏染了心境，启迪了生活方式的转变，看起来是香起了作用，其实若内心没有主动的觉醒，香也就是一阵青烟。觉醒就是让心回归，回到最初的那个模样，没有装饰、本色的模样。

司马光说“众人皆以奢靡为荣，吾心独以俭素为美”。以“素心”为德，今日想来方才明白，这是外公对我做人的期望，我终是后知后觉。

梅下赏香，听梅静绽，一树的清净之香，温润却最坚强，凌风生息也最自然。炉中炭起，熏一袭清幽淡然之气，对花焚香，观心知己，颇得韵味相彰，默然知足。

素 不是白颜色

是你遗忘的本色

梅 不是一朵花

是生命的态度

以最初的素心

绽放 本来的芬芳

附贴：对花焚香小雅

花树下雅集，品茗焚香，别有雅韵。

择香气和：以高香、浓香、甜香类香气，应和无香之花；以低香并木香、果香、素朴清香类香品，和浓香花朵；以树脂香、花香类香品，和无花朵的芳香草木。

择意境和：意境和合一般没有规律，比如：桃花应春，色粉性柔，灼灼其华，分外明媚，以此意境，桃花林或桃花树下焚香，可择表现描摹春天题材的香品，香品气味可择偏草木、暖甘、轻盈类的。

来去间的香跋

“海洋的河床”香跋

静好的光
将那一滴露水融化
温暖的河床微笑
温度遥远
也会安稳如约
久别重逢归于安静

所有的离别都会以另一种方式重逢。

从一座城飞到另一座城，是一种重复的状态，就像音乐的循环播放。坐飞机很少晚点，但总有一次会遇到晚点吧，比如今天。

一杯咖啡，一本书，一支熏香，足够打发这样的时间。香人的包里一定会有一筒随身携带的香物，今天的包里有三款香，伸手随意触碰到的那一筒香，就是此刻的味道。

机场的咖啡香气不够张扬，而这支香，足够使鼻尖忽略那杯将冷的咖啡。香气安静极了，木质的香是宽广的，却又是可以依靠的，一如既往地、温暖地缓缓释放。

总有一种滋味是默默相惜的，平淡里都是祝福，默然里是相望的静美。那些能言尽的，不能言尽的，都在这只香里一一相遇。

遇见，是因为曾经的离别都会以另一种方式重逢。我遇见这支香，这支香遇见了晚点的飞机，我们遇见彼此，重要的是，最终遇见自己。

“海洋的河床”是这只香的名字。海洋不是无边的，在一个岸边

长满芦苇、暖风吹过的金色秋天，你会在岸边遇见那些循环中疲累的水滴。你仔细地品味，这段风景定会被这香气描摹出来。

这香里有一种“对偶”式的构建，比如老山檀和薄荷，苍术和龙脑……它们终会有一种久别的重逢。就像河水流进大海，再从大海流向河床，循环一遍，待河水靠岸，就会遇见最初的自己。

“凝溪”香跋

知了最后一声鸣叫后
它就开始显露鹅卵石的光华
落下那最后一滴“叮咚”
它停止了
溪流和树的落叶一起冬眠去了
四季教会它停顿的智慧
心之所安即为止
溪流便凝结成了最安宁的脉搏

在每一段路途，知足而知止。

一程一生，一生一程。你要看见这一生都在收获，不要谈论失去，谈论失去的时候，已执着于自困的烦恼。一程又一程的收获，会串成这个短暂的人生。看见了，嘴角便会常常轻松地上扬出十五度角。

又一旅途结束，学生寻香来送机。时间尚早，于是两人烹水煮茶，她掏出随身带的香“凝溪”。茶台上放着许多杯子，每个杯子上都写有不同的字，泡茶的女孩递给我一只杯子，我笑了，上面写着两个字——知足。“凝溪”是借奔流的溪水在冬天凝结成冰的意象，表达“知止”的香意。这么巧合地搭配了一只写有“知足”的杯子，知足而知止，真是应了景。“凝溪”的香气饱满极了，花香、甜香，树脂与花的欢悦飞扬，木本与根块的敦实落定，一切叫人知足。

这一趟旅途至五台山朝拜圣地，每一次的虔诚叩首，心中都有一种知足感。哪一段经历不是一种收获？我失去了什么？本质上什么都不曾停留，可是在经历的每个当下，着实收获着，无论悲喜都会让自己成长，每个收获的当下必然串联成为这短暂的一生。过去经历的都成了未来成长的经验。

没有绝对意义上的得失。知足而止，知止而行。

“柏音”香跋

先是在雪山的两边遥相误解
然后用一生的时间奔向对方的胸怀

我在一滴花露中顿悟
转身时又被自己撞倒
孽缘随缘　缘缘不断
白云飘飘　一了百了
我一走　山就空了
谁又能把谁放下
走吧走吧走吧
我用世间所有的路倒退
只为今生能遇见你
我在前世早已留有余地
——仓央嘉措

万物都有一面镜子，会照见那个从不自知的我。

我不爱读书，偶尔读加措仁波切的诗歌。他的诗真像是一面镜子，以爱情的心去读，这诗歌便是情诗；以道歌的心去读，便读出了哲理和教法；有人则是读出了政治诗的氛围。真有些众生万相的意思，不过遗憾的是，我常常，不知道在这万相之中，自己当下所呈现的是什么“相”，我们对自己的状态是不自知的，大概是因为心里住着一个固执的“自我”。

看书的时候也会习惯地燃香在侧，仓央嘉措的诗歌节奏响亮，充满民歌的韵律，以及生动而自由的音乐感。“柏音”香是为德慧法师抚琴而和的一款香，此香韵沉稳苍劲、宽阔悠远、清香平和，似乎与那些诗句的音律互补，成了意趣。

于是，我想起我曾经写过的一段句子，也是在焚“柏音”的时候写的。同样的香伴着读书写字，来来去去的思绪流过了一段又一段的时光，岁月就这样被组合起来了。

不如微笑吧

然后秋天的橘子还是黄色

游离了一次恐惧 然后呢

然后发现了一面镜子

镜子里有一个自己和一个自己

若是恐惧便看见恐惧

若是贪恋就看见贪恋

然后呢

然后逃避已久的也会突然冒泡

风筝很多 扯风筝线的是谁

不如微笑吧

然后脊背会抽出新鲜的花朵

来来往往 谁看谁是行走

谁看谁是停

然后想停也停不下来

除非从来不曾动过

来去之间

常有人问我：你在哪里熏香？

答：旅途中、床头间、书桌、茶台、香案、溪边、月下，在很多地方都会自然地燃起香。又或者是那些自由的时间里，比如发呆、小憩、写字，无论喝茶喝果汁，还是看书晒太阳，我都会抽一支香来应景。说是应景，其实很多时候是香气渲染了这个空间，也渲染了当下的心情。

每段时光，定有一种香气与它有关。时光的味道，你可以不刻意去捕捉，但是，你必然会闻见它。

气味是一种记忆，时光也是。

记忆是一种现象，气味也是。

无论是气味，还是记忆，或是一生中所遇到诸多的人、事、物，这些与我们相遇，无论美丑，它们不是你的，它们只是流经于你。但凡所来都会流走，没有可以留下的。你留下过什么？你一路不过是在试图跟随、追寻，沉浸在获得和失去之间而已。

有来则有去，来与去，构成了人生的属性。不如让“来”的都可以“去”。你只需安顿在这里，让流经只是流经，心不跟随，便是安好，不执取，便会安乐。

你是生活的和香师

执着于某种香料，你会无法品闻其他香气；执着于自我情绪，你会无法和谐于身边人事。和香，香料与香料和，香性与人性和。

此刻的我熏了一支玫瑰香，玫瑰花的香和安息香的甜立刻包围了我，非常愉快的气味。

据一些学者说，元宵节才是中国传统的情人节。自唐以来，元宵灯会格外丰富热闹，灯下的有情人卿卿我我自是少不了的，“去年元夜时，花市灯如昼，月上柳梢头，人约黄昏后”。也不知今日元夜时，月与灯依旧，可否还有人泪湿青衫透？乐也好悲也罢，只做虚幻多情笑而过，这一生多少情爱，不都在节日之时过而终老？

这支玫瑰香，温和而浓郁。用了玫瑰花酿酒炮制出来的老山檀并没有传统的影子，不过效果却是令人欢喜的，花香被提升得更浓而且持久。泡了一壶老白茶喝起来，正好搭配这支燃烧着的甜蜜花香。

以香和茶是嗅觉与味觉的共赏。明代徐𤊹言说：“品茶最是清事，若无好香在炉，遂乏一段幽趣。焚香雅有逸韵，若无茗茶浮碗，终少一番胜缘，是故，茶香两相为用，缺一不可”。香与茶共赏，从味道的角度和合，可取茶味与香味在口腔与鼻腔的差异感受为组方重点。老白茶清醇，陈香暗沉，而玫瑰香，花香上扬，甜蜜厚暖，恰与白茶互补。另外，以茶之意境和香之意境又是另外一种和合方法，也可以

茶的功效特性来和香之功效。

此刻，玫瑰香与老白茶真像一对久别重逢的有情人，欢愉、浓烈，茶气混合香气，飘渺于空间里，真是自由自在，和谐极了。突然想起一句话："最好的爱就是让人身心调和，自由自在。"我想这是非常有道理的，你如果爱 ta，一定要像这支香一样，设身处地地去为茶的处境或站在茶的角度考虑，去理解、调和而达到和合，而不是通过争执去改变 ta。不要总关注自己是谁，自己需要什么，去看看 ta 是什么，解读 ta 需要什么。这并非自我牺牲，而是摒弃自我的自私，这是了解并理解的过程，也是爱的方式，这样做很重要。

我常常说"以香和茶"，我很少说"以茶和香"，为什么？因为香气充满了变化的包容和自由承载的能量，香可以和合一切。香去"应和"茶，而并非"迎合"。应和是一种包容与智慧，包容和化解不和谐，故此称"和香"而非"调香"，调香是以自我为中心的，是"我需要什么"，而非"了解对方是什么"。知己知彼方可真和，在乎自己更在乎对方，方可真和合，这是"和香"的智慧，也是一个香者的和合精神。这些精神你必须用在你的生活中，空谈无用，必须改变自己的心与行，方可将香味真的沁入生活。试着这样去爱，你一定会获得愉快的体验。

今夜，愿你熏得和美时光。燃一支与爱情有关的香气，轻读那些华丽而浪漫的旧句，这是东方情人的婉转之美。朦胧的爱，像是薄纱轻罩，像燃香的青烟，似形非形。多么沉醉的写意，心情也就如画了。

实在是美妙迷人极了，香、茶、诗词与爱情中的你，选择以快乐的方式生活着，就是最完美的和香，而决定这一切的，正是你自己，并非是他人。

你是生命的和香师

你可以和合任意气味的生活

快乐的味道，苦痛的味道

取决于你在什么角度选择香料

以自我为中心的气味

永远不是舒适于人的气味

和合而美，谓之和美

香如是，爱亦如是

第三章　香席篇

篆刻时光

时光流转

容我在这席间定格

时间是展开的纸卷

轻轻划过记忆的指缝

那日，拾得一枝被春遗弃的冬痕

这日，插入这依旧是泥土的瓶底

于是

冬与春不再是时间范畴

篆刻时光

泥土在火里重生为器物

枝横在瓶里重生为四季

那些斑驳的色与形

在时间里风干成醉人的美

凝望这些温度留下的故事

时间继续定格

在一炉香的时光里

安顿灵魂

因这些泥土烧成的器物

因这些植物散发的气息

此时，美好安宁

清音消然

左手持炉，鼻观方寸

止念于心

慢于杯茶的等待间

慢于山石的凝固里

慢，身体与灵魂安住一席

横枝忘记了季节

竹影忘记了幽篁

窑土忘记了燃烧

忘掉一切

香已燃尽，无香、无我、无他

空空回归那最朴真的时光

安置于席间

因香而美的朴素时光

流转、流过或流逝

放逐时间流淌

身置于此，定格停顿

一器、一物、一呼吸

一心、一念、一娑婆

时：2014年冬月。

境：课堂香席，课堂习香。

席意：冬日的枯枝和成了陶器的泥土，它们都以另外的方式重生。时光被它们铭刻记录。

香：“初暮”炼香丸。

品香签：

闻香：主木香、暖香，微辛、回甘、草本香，次花香、微甜，变化凉、树脂香。木香贯穿始终，花香、凉、甜回旋，远近浓淡变化。

品香：气韵宽阔，温暖平和。悠远而亲切，悠静出俗；望江水秋色，远眺近思。

觉香：初觉观己——数次觉察念头走远，安住之。

茶：武夷岩茶“雀舌”。

器：云南泥制粗陶。

这不是一套标准的香器。有些时候器的形制会被模糊，但并不是不看重器具的规范，而是想表达，当我们没有正规器具的时候，一样可以燃香表意，抒怀传情。无论什么样的席，都可置身其间，体会到万物的灵性之美。心情与感悟并不需要刻意准备，你遇见了，便会触动。生活本是一场没有准备的遇见，就如你遇见的这一方席。

香者本然

轻歌心弦幽，和香逐云淡。梨花压枝头，且催春风来。春日的相聚一定是绽放在美好的暗香里和阳光环抱里，我已置炉盏茶，静待你的裙屐相落，这一抹的素淡恰好映照那一汪心泉。

“合，身与心合，心与香合，人与香合。当一切和合，那香，那人，自然，呼若芬芳，气如兰芷，香如人，而人亦如香。有时甚至觉得，这浮生似乎是一场香事，香有千万种，调得好便吐气如兰。而无论如何，我们都去经历，尽自己所能，去调合，最终会寻觅到那方属于自己的浮生之香……”这是一位学生的习香感悟。

适值昆明“弘益大学堂暨卓玛中华和香雅修课”周年圆满之际，大家于滇中万亩梨花园设香席而聚，以香铭心感怀。

旧年梨花云开处，今日邀君共识香。

人这一生有多少时间都在关注外界，过度向外索求？以为可以夯实心灵，以为可以慰藉缺憾，可往往却在茫茫寻找中忘了初心，遗失本然。亦如习香一事，过度追求香料的昂贵奢华，过度渴求器具的新奇精美，过度停留在气味索求上，便易忘记香者的内质正气，忘记一份充满善意的香性。

此刻，香席间香云浮出，气韵清扬悠远、宽广恬静、素朴自由、谦和亲切。草木香、花果香，微甘甜中潜藏着一股辛醇带来的丰韧力量，犹如置身于祥和温暖的山谷，清透的风摇曳着白芷清兰，素衣浅笑的人儿走过，自由、自然，所到之处皆留素淡宜人的光彩，散发着自然的气息。若人如香，又何尝不是此味此性。

彼时，缕缕香烟于鼻端，渐渐潜行于心脾发肤，物我之间是聆听、觉察、接纳和交融。原来，香者素心才是最珍贵的香材，就如这一树的纯白花朵，何需更多颜色，何需更多光芒，不是一样的美好？

“雪作肌肤玉作容，不将妖艳嫁东风。”举头，梨花遍枝，白清如玉，素洁冰肌，天地大美凝聚于此，温暖静好。当下，这缕清幽素雅的香气和着琴箫的轻扬，佐一口熟普洱的醇厚温润……色、声、香、味、触被全然唤醒，交感相知。

时：乙未年惊蛰日。

境：云南呈贡，万溪冲。

因缘：师生三十余人。

席意：素心。

香：“气若兰芷”。

茶：大益，臻品熟普洱茶。

乐：古琴，洞箫。

品香签：

闻香：主草本香、辛、酸，花香、树脂香、木香、陈香、药香。

品香：气韵质朴，自然，由远及近变化。

觉香：初觉春风过烈、骄阳似火，受外境干扰，后随香席氛围渐次安顿。

你本自山中来

于清透处平淡安然

质芳、气清

呵气晴兰，素果芷香

吐筱芳，纳芷韵

静浮世，而独立

素心一瓣，身外自猗猗

香者如是，兰芷便可与人同

隔着重重芳菲

兰芷重新归来

结出最初的香

香席设计集锦

窗

大院子

佛手柑

红果子

马蹄莲

朴花

狮子

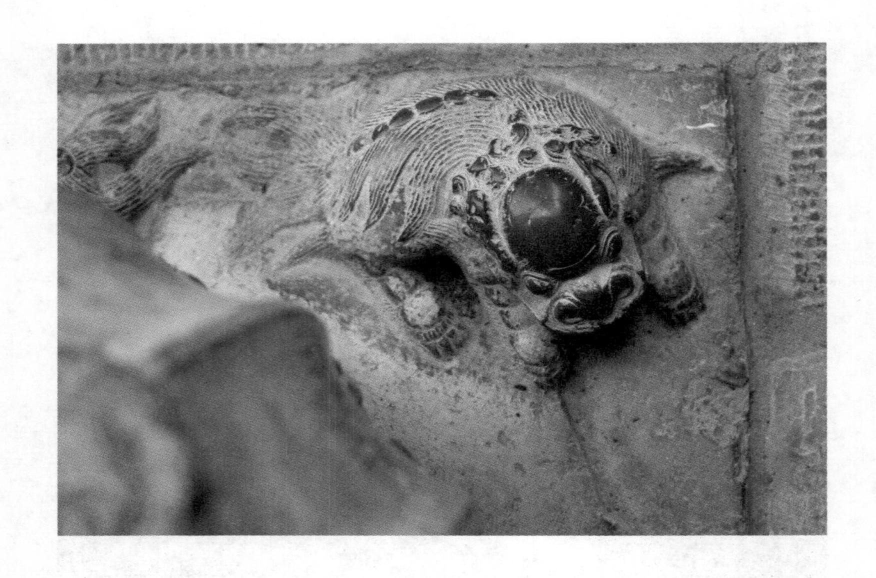

竹

下部

从香学至香道

第四章　教化之间

香修：生命没有高度，只有不断修正的角度，以香为修。

提及和香的艺术水准时，通常也会提到一个词“香者修为”。什么是“香者”？什么是“香者修为”？

香者，这个词可理解为：以香为事、弄香之人，包含了种香者、组方者、制香者、行香者、品香者、售香者、用香者，凡与香长期发生联系的人皆为“香者”。香者不是一个特殊的身份，但是却有着“事香”的角色、习香的修养要求以及修为境界的追求。

香者修为，是香者所达到的某种境界，境界的基础首先是要培养香者自己的“修养”。“香者修养”涵盖了品德、知识、行为、技艺、艺术、思想等多个方面。将人置于香事之中，物质是香，精神是道，以香之物展现人之品格。

对香者来说，修与养都得借助方法来学习和训练。2014 年 9 月 7 日，我提出了“礼敬静，善和寂”六字要则，作为香者修养的主旨，来培养学生的香者精神。“至和香修”的学生们也渐渐地以此“六则”贯穿习香、制香、品香、用香各过程的实践。

礼

礼乃一切事物之初，诸事物、人等皆因礼而有序。礼是中国人从遵循天地自然规律入手，形成的社会、家庭等应遵守的礼仪准则。事无礼不能立，国无礼不能久，人无礼不能正，家无礼不能和。礼不仅是简单的规矩和形式，更是中华民族价值观的表现。

事香之法，以一个“礼”字为先，礼在香修之中，体现为香席间的礼仪、组方制香的规矩理法、香者日常的言行举止。可从四个方面认知践修。

1. 仪容之礼

“足容重，手容恭，目容端，口容止，声容静，头容直，气容肃，立容德，色容庄。”（出自《礼记》。）

“君子九容”是对我们事香人言行举止的要求，使我们言行有规矩、内心谦逊敛达。其大致内容是说：脚步稳重，不要轻举妄动；手指无事可做时，要端庄收拢；目不斜视，观察事物要专注；说话饮食以外，嘴不要乱动；振作精神，不要发出打饱嗝声；昂首挺胸，不要东倚西靠；呼吸均匀，不出粗声怪音；不倚不靠，保持中立而显道德风范；气色庄重，面无倦意。

2. 雅集席礼

在香席间，经由行礼而让内心建立起互相尊重、平等的接人待物之心，通过行礼消除自大、傲慢，培养谦逊、平和。香席之上只有长幼，没有贵贱。以礼相待，平等规矩。

香席行礼：

见面礼：主宾见面，行颔首礼问候。

入席礼：主宾入席，行鞠躬礼落座。

行香礼：主宾席间仪轨行礼（开始礼、谢香礼、敬香礼、结束礼）。

传香礼：品香时，传香行礼。

离席礼：中途离场，行礼示意。

道别礼：香席活动结束时，行礼。

3. 事香之礼

席间器具需始终保持洁净。无论是雅集香席还是日常居家香席，都要保持器具的规整清净。通过清洁器物的过程而洗涤内心，除身外污浊，养内心清净。

使用香炉器具，要专炉专用，遵守传统器具礼制。

放置器具要规范，取用后放回原位，专位置专物。

要惜物爱器，轻拿轻放，不越物。尊重器物是对谦逊人格的培养。

事香应遵循香料的香性特质、组方理法、炮制的尺度、自然节气的规律等，依理如法去制作香品，如采药香有口诀“采药贵时节，根薯应入冬，茎叶宜在夏，花采含苞中……”充分说明了中国人礼敬自然规律、资源可持久利用的观念。

4. 用香之礼

遵循四季变化的特点而变化用香，顺应人居自然间、与自然和谐相处的规律，即为用香之礼。

礼香惜物之人，对待香料、香品无贵贱高低之分，不随意评论他人香品技艺，持平常心品赏；对香料无驾驭之傲、无浪费之行、无对峙之心；只是用心地对待、品味、鉴赏与感受。

故而，香席有香人之间的礼仪，行香有“十二式”的仪序，采香有采香口诀的规律，制香有制作步骤和组方禁忌。

敬

敬，是香者精神之外呈，是内在思想的觉悟之显，是香者和合万物之根基。

敬由礼而至，无敬礼不成。敬为修身之基、明德之聚，能敬者必有德。敬能让香师与万物等同，以开放的心去认知万物。和香是一门技艺，和合品味的是香物之性，敬的养成，能更好地让我们以平等之心去与万物对话。

“敬”的修养主要从两个方面来认知培养。

1. 敬畏

敬天地而知自持，敬他人而知谦卑。古人说“有善怕者，必身有所正、言有所归、行有所止”，就是说但凡心怀敬畏之心的人，必洁身自好，言语得体，行为规矩。与规矩制度之类的外界管束不同，敬畏心是香者内心自发的品德认知。惧在而心中有戒，言行而有所不为，是自省、自律，也是自警。朱熹也说过：“君子之心，常存敬畏。”这是自古的修身之道，伦理之基。

2. 慎独

敢于真实地面对自己，也是敬重天地生灵、不欺万物之德的表现。《礼记·中庸》里说“戒慎乎其所不睹，恐惧乎其所不闻”，也就是说，即使在众人眼睛看不到、听不到的地方也要谨慎儆戒，努力自修、自省、自察。

敬是心的自觉，经由礼而臻善，香者精神强调懂得敬畏和慎独，而显出谦卑礼敬的处世风度，以及自觉自律的精神境界。通过香席间的行香、品香、制香，培养谦逊性情和细腻的觉知力，从而感知万物与个体的关系，懂得与万事万物彼此尊敬。通过感知万物，香师得以熟知各种香料之香性物性，亦可由此启迪出更感性的艺术觉知能力。

静

静，不受外在滋扰而守意不乱。香为“静之道”，一切技法皆由静入。于香中万念归一，不心生杂念。

静是力量，是香者正确了确认知万物的方式，是精神内在有所觉知的体现，是习香的“敲门砖”。静心，方知香之和美意趣及香料物性，方可品香，而会品香者，方能学制香。静心能观大千万物本质，从而能和香。

“静”的修养可从两个方面来认知培养。

1. 觉知

觉知香器、香具异质同用，无分别。觉知百香百味相依而存，勿抱喜恶。在品味、运用变化万千的香物时，通过“行香十二式”与“三识鉴香法”的反复修习，来培养觉知的能力，在觉知的过程中，明晰事物的本质而不乱自心，便能归静。

2. 安住

当心念宁静，面对纷杂，身心能有所止定，专注在一点上，这便是香修安住。

要找到恒常的平静，需学会安住自心，心能安住，才能认识外物的本质。

安住与觉知在行香的一拿一放上，在品香的一呼一吸上。身与心定，安住在香席间的每一个当下，无需刻意，香自纷呈。同样，在组方的时候，也需要安住和觉知，安住在和香的初心上。

善

善是本源。善意不是造作刻意的表达，而是本性，善能自然而然地充盈在香中，充盈在言行之中。善是香者应具有的品德，有善心者能容天下。

“善”的修养从两个方面来认知培养。

1. 仁心

仁者，人也。通过在席间保持人与人之间的友爱、互助，开始培养胸怀的宽厚，从香品制作感受到给予、知足与感恩，从而将仁爱融于生活。

《孟子》里讲“仁民爱物”，指的是对人亲善，进而对万物爱护。仁心的养成是善之开始，善意源于自律的品格。

2. 光明

王阳明说“此心光明，亦复何言”，这心若是光明了，世界便一同光明起来。《传习录》里讲，“身之主宰便是心，心之所发便是意，意之本体便是知，意之所在便是物。”如果以光明磊落之心事香、品香，那香者的善意或可充盈于席间。

上善若水，善意是自然而发，并不求回报的。此光明善心于寸席之上能启发觉悟，亦于寸席之下指引人的日常生活。

和

先有礼敬而能静，静得真善，而后能和。无礼敬之心则不懂善待万物，无归静之心则不明万物根本，故和不能成。

和是香者应具有的宏观格局，和之精神连接着整个香事的各个环节，也是香席所呈现之最精妙处。“和实生物，同则不继”，《国语·郑语》里说的是，不同的东西相和谐，能生万物，一切都相同的话反而不能发展。于香者来说，接纳、包容和认知不同的香料，让它们各自发挥又能和合一起，并由香物延展至世间万物，站在生命的高度去感悟生命，又何曾不是“和而不同”。允许不同、了解不同、运用不同便是和合，香者知和，令心与万物和合无碍。

“和”的修养可从三个方面来认知培养。

1. 和合

香料与香料和合、香品与人和合、香品与香席和合、席间各物品和合、人与席和合。在香席里完成人与物与诸时、境、因缘之和合。和合，是一种平等与谐和，将人放到平等的角度去认知万物，而借物抒怀，最终就会构成香事间的种种呈现。

2. 谐美

一席之间，承纳万物，器具香物，和而不同，显谐和之美。“美”是香之艺术外显，也是人文精神之外呈。香事之美与其他传统艺术之美无异，给予人心以滋养是艺术永恒的人文价值。中国传统美学受儒思想道影响甚深，“中正平和、静淡远虚”构成了香席的审美精神与取向，通过意象美，来传达超理性的精神思想。

“谐美”并非只是物相的和合之美，更是在和合后产生的艺术精神之美。香席之美除了嗅觉的感受，更综合了眼、耳、舌、身其他四感，最终这一切的感受又反映于心。香席之美令人在和香、用香的过程中陶冶性情，从而培养出优秀的品格。

“和”为香席美学之大义。

3. 平和

平静安宁的心境是和香的重点，是透过物相而呈现的精神境界。“和”在和香中的体现，超越了香料组方的意义，也超越了香席的物件本身，而更多地强调一种心境。以平和心做基础，以平等心去待万物，制香不争香，品香不恋香，一切心态处于淡然平和的状态，让心与万物同频感知，反过来再于技艺之上呈现感知到的一切。

寂

寂是香者的智慧境界，是以香为媒，而经年修习的内在。香者培养自身的言、行、意，从而心无杂念，回归清净。

清净是心的纯正恬静，是内心一种本然的状态。行香时，安定于香席，不想杂念，时常练习，坚守成习，清净便会成为内心的习惯。

总而言之，“礼敬静，善和寂”六诀的修习，贯穿了整个香事过程，从组方到制香，再到香席间的行香、品香，此六字精神无不贯彻其中。若说修习次序的话，应是因人而异的，有人需一步一步，从礼敬的养成开始，而有的香者则可以一开始便将六字精神融会贯通。其实没有什么学习的诀窍，只有踏踏实实去实践的人，才能收获其中真意。

香以载道，道在万物，道亦在心。这一颗心如何去修正和完善，靠的只有践行实修这一条路，别无他法。

给自己一方席，方寸展开便是道场，每日落座席间，布席、行香、品味，简单的练习重复做，在一支香的熏染中，渐次修正自己的那一颗心。

从理论到实践，香礼让我们找到自己的内心，让一切香者的修养之谈有落地的可能。

第五章　方寸之间

香席：这里没有边界只有尺度，寸席铺开便是道场。

要了解香者的修养，直观上可借助于香物和技艺。就像通过一个人写的文字、说的话或者通过艺术形式等具象方式，可以了解到一个人的修养程度，和香师、制香师的修养可以透过香品来呈现；行香者的修养可以通过行香过程来呈现；品香者的修养可通过品香的过程来呈现。这些呈现需要一个空间环境来承载，而香席就是这个呈现空间。

香席，可简单将其理解为“香空间”。与香有关的内容可以在“席”上被呈现和体验。香席包含了视觉、嗅觉、听觉、味觉、触觉在内的五感综合美。对于香者来说，香席的意义远不是外相的好看和形式的好玩。香席是一个连接了制香者、行香者、品香者的思想空间，是思想、素养、器具、艺术、技法等结合的呈现，是一个人文精神的承载空间。香的时、境、因缘在这个空间里变化发生。香席以香载道，培养内观，磨砺心性。

香席不是表演焚香过程的舞台，也不是摆放古董器具的展览馆。

今人习香若没有一颗继承传统精神的心，一切外在形式的模仿和表演都是虚妄，我们应该思考的是，技艺和形式背后的精神该如何承载、培养，也正是因为如此，技艺不再是单纯的形式和方法，香席也不再只是一种附庸风雅的古装表演和器具展示。

香席是香艺的呈现空间，一个人文空间。因香而延伸出来的中国古老的各种传统工艺、人文艺术形式、人文精神价值都由香席这一形式得到展现，令抽象的成为具象的，听闻的成为体验的。

席之养：一席纳雅，怡情润性

古代有“香室”，今人生活空间有限，能建香室者不多，从素朴至简的角度来说，我更倡导因地制宜、随意而安的用香、习香空间，不提倡因为习香而将对其他物质的欲求转移成为对香物的欲求，故不强调刻意设置一间“香室”，也不提倡为了香席的摆设而刻意购置价值不菲的香器香具。香者的香席可以是一桌一几的方寸之席，也可以是以天地为席。香席中的器具物品皆可随缘。不执着于器，不造作设席，或雅集众乐，或营造一室，或独处居于静僻一隅，皆可生香。

无论是一室之席还是一几之席，无论是随性雅集还是长久使用，香席对于香者来说首先是一个人文空间。通过香席间的人文艺术雅趣来陶冶情操、调节情志。一席和物，器物之道，顺天地生，应人心为，器皆因人的使用才显出温度。香席间的器具物品包含了各种材质和传统工艺的审美。材质有陶、瓷、金、银、铜、竹、木、漆、琉璃、棉、麻、丝，工艺有刺绣、缂丝、织锦、玉雕（石雕）、木雕、牙雕、鎏金错银，等等。于席间把玩欣赏，可谓各得其乐。

在大空间的一席雅集里，香席可综合琴棋书画、诗花茶舞等多种艺术形式。数年前，我在杭州曾做过一场“踏雪寻梅香席雅集”，是以“冬日寻梅”作为香席主题立意，并结合其他传统艺术形式而呈现的一次香席。扣题“寻梅”，在香席现场布置了一幅巨幅画卷，画家在画卷背后作水墨梅花画，香师在画卷前面行“梅影香”，现场行香的背景音乐是琴箫合奏的《落梅风》。宾客们置身香席中，心境随着音乐的变化而入境，观赏着画卷上的梅枝展露。淡淡墨梅渐次绽放，香师随画弄香，香起之间，水墨梅花已然画完。风舞梅花，香气袅娜，喝着一壶冬日炭火烹煮的老白茶，全然忘怀。

香席中的一切都融合在一个主题下，共同营造出来自眼、耳、鼻、舌、身的五感融合体验，令人在香席中感受到琴、花、香、茶各种意境的结合，虽是身居斗室却仿佛置身自然，得到了情致的乐趣体验和艺术的感染熏陶。正所谓：“席上有山林，心中无烦事。”这是香席所呈现的一种艺术感染力。我们置身席间，心情得以调节，灵魂受到触动，尤其是香道的“静”与“净”境界，能让人坐客席间，缓解压力，忘物忘我，怡悦情志，从艺术的角度，“香空间”对人格美有再次培育的作用。

古代文人的书斋、琴馆、棋楼、画舫里各种材质的器具皆充满了以物言志的哲思，器物之间演绎的都是礼义、忠孝、仁爱的传统精神，通过器物，传统人文精神得以呈现。人文精神之美是香席由“香物”到“灵魂”的审美转折，从“品香物美”到“觉香心美”，可以说是一个渐次的润性化心的过程。

香的空间是心灵之所，一席纳雅，丹青是天地，插花有诗歌，焚香物外隐，素心得品意。

席之修：坐课香席，修习践行

香席不只用于雅集，对于香者来说，香席其实是一个日常践修的“训练场”，寸席铺开便是道场。

我们的内心是非常不易管理的，我们明白静心能得智慧的道理，我们也明白发脾气闹情绪会伤身体，但是在真正面对一些事件和人的时候，我们明白的道理像是突然没有用一样，该散乱的继续散乱，该闹情绪的继续闹情绪，完全不在我们的控制之中。心念是不会听话的，不会因为你叫它安静它就安静下来，因此我们可以借助一些方法来训练自己的心，并且需要一个空间来辅助收摄自己的心。

空间氛围对心理的影响是非常有效的，就如我们去到教堂和寺院，人会不自觉地规矩、安静起来，这其实就是空间氛围发挥的心理影响作用。香席的布设正因此有了必要性，所以我要求每位学生在家里都要设置一方香席，并在席间不停地践行修养，通过每天的行香、品香，管理内心的同时也提升对香学技艺的认知。

就制香学艺层面而言，我们需要席间的心念练习。香为静道，能制香是因为能品香，是因为内心光明，而这些都基于内心修养而发，故习香、制香者必然要坚持“静功夫”的练习。

至和香修香席包括三事，行香、品香和坐香。

（1）行香：入席以“至和·行香十二式”开始。每天保持一次的行香，练习“静”，让杂乱的万念归于一念。（“行香十二式”详见第七章）

（2）品香：行香后以“至和·三识鉴香法”练习品香与觉知力。

（3）坐香：品香后，以“至和·鼻根冥想法”进行意识情绪的管理，或是静静地坐香。

由于行香和品香在后文中会有详细的描述，就不赘述。在此谈一谈“坐香”。

坐香一词延用于佛教，寺院的禅堂以香计时坐禅，日常保持坐七支香，故也称坐禅为坐香。

在至和香修的修持中，“静观”是必备的日常功课。在香席间，以行香静心后再以品香观察内心，再到坐香的思绪清净，这是一个循序渐进的过程。

首先我们要求在香席上是席地坐的，行香的过程可以跪坐，品香的过程可以散盘，到了坐香的练习时，要求是跏趺坐，对无法盘腿的人来说当然也可以选择散盘。静坐时需要注意六个要点：座、腿、身、手、眼、嘴。

（1）座位需要是平的。

（2）双腿放松舒适地盘坐。

（3）上半身要通畅，含胸拔背，前胸展开，腋窝微张。

（4）手指松开向下，手掌心向下，放在膝盖上。

（5）眼睛微张，垂眼，将焦点放在下前方舒适的角度上，更宜大脑清醒。

（6）嘴微微张开，放松口腔，舌尖轻抵上腭，用鼻嘴同时自然地呼吸。

坐好后，首先要放松，把心打开，然后微微地注意一下呼吸，意识放松，不增杂念。觉察到自己的杂念时，任其出现和消失，不压抑任何东西，不企图去掌控什么，再回到开放轻松的状态。不断地从散乱的心回到清明的心，直到一炉香燃完。

这样的练习会令我们的心越来越清和宁静，并能洞见事物的实质。

第六章　和合之间

和香：和而成局，和而为方，和而有香，心香和合，方得真香。

和香是什么？和什么？

和香，从动词的角度来理解，就是将香料组方成香、把香品制作出来的过程（文献里也有记载为“合香”的说法）。也做名词来用，是一个与“单料香”不同的统称，由沉香、檀香等单料香作为原料制香，涵盖了上百种不同产地的香料运用，经过人文思想的参与而形成一定的组方格局，最终经古法制成“成品香”，一般用两种以上的单料香制作而成。和香以香粉、线香、塔香、香丸、香膏等多种形态呈现，不是一个流派或者一个品类，而是中华传统用香的统称。

从内涵来阐释，“和香”首先讲的是一个“和”字，而不是“调”。

“和”是中国人的生命观，“万事和为贵”“家和万事兴”这些思想贯穿了中国人的生活日常。《说文》载：“和，相应也。”“和”是中国哲学中一个很重要的概念。《国语·郑语》论述的“夫和实生物，同则不继”包含了和而不同的观念。老子说“万物负阴而抱阳，冲气以为和”，认为万物都包含着阴阳，阴阳相互而成“和”。和是天地万物的基础，而这里的“和”字其实已经包含有“合”的意思了。

“和合”二字是一种状态，即融合于“和”之中。以此来理解“和香”一词，便可明晰为什么叫“和香”而非调香、配香。调香，凸显的是人为主导的观念，人以自我主观意识为主宰，自谓居高去调配香料，潜藏着“我认为”的意识，缺少对万物的客观认识。“我认为这个香料可以和那个香料调在一起”，而并非是“我了解这个香料的属性能够与另一个香料的属性融合在一起”。“调”有一种驾驭感，让香师无法以一颗平等的心去认知各种香料。

和香的“和”不强调人的主观意识，而是将香师与天地万物放在一起，香师无分别地去探知各种香料的不同属性，在尊重物性的前提下对香料协调运用。和香强调，人不是独立的存在，而是与万物谐和生息、互相滋养的。香料与香料的融合，充满了人对自然的敬畏。

和香是香师物我认知的表现，是香师世界观与生命观的体现，遵从万物规律而使香料属性能够融合。“和香”的前提，是香师对香料香性有一定了解，将香料放在与人等同的位置去思考：这个香料与那个香料是否“和得来”，是否能融合？如果不能融合，需要什么香料加入到组方中去谐和它们？一个方局当中，什么香料是主局之用，什么香料能制约平衡，什么香料能互补完善？组方有所协调，香料才能发生作用，从而利于人的身心。这就是和香的“香性之和”。香性包括了香料的产地、品质、香气、香韵、个性特征、艺术特征、药用属性等多方面的内容。这就不难理解，和香其实是对各种香料香性的和合运用、组方布局，和其气味、和其药性、和其韵味、和其意境、和其功效。各种香材，经方局和合，而得宜用。

孔子以“和”作为人文精神，说：“礼之用，和为贵。”认为治国处事、人与人之间的关系、礼仪制度都以“和”为价值标准。老子则提出“万物负阴而抱阳，冲气以为和”，蕴含着万物包含着阴阳、阴阳相互作用之理。所以，和香也就具有了阴阳之和、天地万物之和、人与自然之和的意义，它已经超越了香料与香料之和的实物的意义，而提升到了一个更高的精神境界——大和之和。

至和香修以“和”之大义，借鉴实践道法自然、佛家悟禅、理学功夫等传统文化的优秀元素，通过“香意美学”，体悟自然的美好，形成静雅的生活习性和品格，从而在现代生活中保持心性的宁静，进而达到明性见德的境界。和香齐万物、养谦恭、生正心，令人于香意之美中，重观自我，照己正心。

和香——和之以味

香之所以叫“香”，基础要素就是要“悦鼻”，所以和香的基础应建立在鼻端的认知上。和之以味，将不同气味的香料组方和香，各香味能相互融合又各有所表，便呈现出气味变化的感官享受。

香气主要是靠鼻端吸入，而作用于心理和身体的，一旦鼻端排斥并拒绝接受一款香，人就很难再进入到“品香”的层面去欣赏它，更无从谈每日的用香、熏香了。气味不谐和的香容易出现异味，也没有人会愿意天天熏烧一个怪味道的东西来影响生活。

和香组方时，一味关注香料的药用功效，尤其使用一些动物药材如蜈蚣、蝎子、虫蜕之类入香，香品很容易出现烤肉的焦臭味和苦涩浓重的药味。限于“药局”思维来组方，和出来的香是“药”，缺乏香以呼吸悦心宜人的特质。也有的组方，为了控制成本、追求利润空间，用了好方子却择材不当，工艺欠缺，和出来的香大多是柴烧的烟火味、稻草味，同样无法发挥“悦鼻养情”的作用。

制香要坚持香的本质特征，和之以谐和之味，方可称香。要和出真正悦人心脾的香气，应先了解香气是由哪些味道构成的。《神农本草经》里讲“四气五味”，四气为寒、热、温、凉，五味为酸、苦、甘、辛、咸，在中式香气审美中，也有这样的气味归类。

一款和香在组方的时候，香师应该有一个“主味框架”来主导构思。比如构思一款香，以木香、暖香为主调，在此味框架内，含有其他气味变化，可以增加花香、果香的味道变化，或以极少量的凉香点睛，打破方局的暖香重烈，令整款香的变化丰富生动。也可以构思一款香，呈清香、凉香的主味框架，再加之甜、辛、蜜、花香、奶香的气味变化，等等。

和香的气味类型丰富多彩，甜、酸、甘、苦、咸、辛、麻、腥、凉、暖，木香、草香、果香、花香、树脂香、蜜香、奶香、药香等，这些气味来源于某些动物或各种植物的不同部位，是嗅觉与感觉同在的气味觉知。

植物的花朵、茎、叶、果实、根块、枝干、树皮、树脂分类运用到和香中，不同部位的取材具有不同的气味特点和感受。花朵类、叶子类的香料，气味飘逸、轻盈，香气质感薄，出香迅速，香气易挥发，香气形态多以片状、丝状呈现，香气空间感近、低；取自枝干、根块类的香料，出香缓慢、香气持久，气息厚重、沉实，质感坚实，香气形态多以条状、柱状、团状呈现，香气空间感或远高、或宽大；树脂类、动物类香料则多以放射状出香，出香迅速，香气持久、浓烈，质感稠密，香气形态多呈线条感或柱状或片状。所以，和香的气味构成不单单只是味道的调和，还应该有气味的韵律、空间形态的变化，当香气前后深浅浓淡的变化在鼻端呈现时，所能品受到的滋味应是丰富而有质感的。

以上这些都源于香师对单料香的了解程度、对气味的直觉感知以及感性的情绪表达。每一种单料香材会因产地、采收时间、等级的差异而存在着气味韵律的差异，要想和好一款香，对单料香气的认识是需要香师经年不息地做功课、学习的。

当然，气味的感受又是极具个体化差异的，所以每位香师对同一味香料又有差异化的解读，这正如不同的画家对同样的颜色理解和运用都不同，也像同样的词汇对不同的诗人来说运用和理解也不同。不同香师对香气有着个体化的和合运用，对气味表达有着差异化理解，这也正是和香的气味魅力所在。因为有了人的参与，和香的气味表达有了思想，不像单料香的气味仅是自然物的呈现。

透过香品的气味，可以让人解读到气味背后，香师对一款香的思考和情感。

五大和香——和之以用

香远不只是为了芬芳悦鼻，除了宜人的气味可供品闻外，香在生活中也发挥着各种各样的作用。从香品的用途看，中国历史上的用香大致总结为五大类用途。香的用途不同、传承脉络不同，组方选料和成方的香理格局也存在差异。

1. 香之礼用

香最初的使用与祭祀神明、礼敬天地密不可分，后来逐渐应用到各民族日常生活中，香为礼用，正是贯穿于这些细节之中。

佛、道二家对于礼拜用香的仪轨应用最为常见。

道家礼香，用以供养诸神以及传诚达信、召亡返魄。在不同场合用何种香料也有一些界定，如《天皇至道太清玉册》说："降真香，乃祀天帝之靈香也。除此之外，沉速次之。信靈香可以達天帝之靈。所忌者，安息香、乳香、檀香，外夷所合成之香，天律有禁，切宜慎之。"

《香谱》卷上也记载了用白茅香、符离香等煮香汤沐浴的仪用香。香汤常用五种香料调配，而这五种香并不专指哪五种香料，常见的有白芷、桃皮、青木香、柏叶、零陵香这几味香材，道家认为白芷可辟邪、去三尸；桃皮可杀诸疮虫；柏叶轻身益气、令人耐寒暑；青木香能消秽。除此之外，鸡舌、白檀、熏陆香等在此也有运用。

佛家认为，香与智慧德行相通相契，香为佛使。日常诵经、水陆法会、开光传戒等佛事都少不了用香。除了熏烧，还制作香水、末香用于涂抹或浴佛，"以牛头栴檀、紫檀、多摩罗香、甘松、芎藭、白檀、郁金、龙脑、沈香、麝香、丁香等种种妙香"制成香水，沐浴佛像，再取少许香水置于自己头上。

不止佛道二家仪轨上使用香料，其他一些宗教也将香料用于仪式上，以献神或祛邪避护。

2. 香之日用

古代士大夫们佩戴香囊，作为日常装饰和礼仪的象征。同时古人在建筑里添加香木，向油灯里增加香草，并将香草作为礼物馈赠。香由祭祀之用衍生到了生活之用。除了在房间内熏香祛除异味，人们也开始用香料来防虫驱虫。驱虫香重在“驱”字，而非“灭”，一个字里面就饱含了先辈们对自然的仁爱之心。

驱蚊香可有多种组方配伍思路，并非只有香樟一类的可做驱虫的香料。艾草、菖蒲、龙脑一类能清洁空间气场的香料也能运用，空间得到洁净，蚊虫自然也会减少。

香味绚丽悦鼻的香品当属妆品用香。化妆、护肤品里面加入香料，自汉代就有运用。非但是妆品里面用香，当时也流行熏衣香以及在嘴里咀嚼香物令身体口腔散发香气的做法。到了唐代，生活用香更为广泛和奢华，沉檀龙麝皆有入妆，马车、屋檐悬挂熏球，各种泡浴的香汤也很流行，民间也有用简单的香草混合起来，熬煮香汤沐浴或以香花洗头的方子。《陈氏香谱》收录了一些熏衣香方、傅身香粉、香发油的香方，宫廷也流传出漱口方、沐浴方、香皂方，等等。

日常生活中的用香为生活情致增色不少，就连扇子、纸张、墨条也加入香料一起制作，令这些物品集审美与实用于一体。唐宋以来，生活用香的品类还细分出了专香专用，熏衣、香囊、香枕、香车、卧室、厅堂、文房、雅聚所用之香都有不同的讲究。

中国人崇尚吉祥，于是也就衍生出了香牌、香珠，或挂于腰间或佩于胸前，戴在手上的有念珠手钏。古人相信随身佩戴香物能得吉祥庇护。或许受到佛牌的影响，香牌制作的装饰图案多融入了佛教元素或民间吉瑞图案。

3. 香之食用

点心、蜜饯、果脯、酒、茶、菜品皆可以香佐味，不但提升口感，还能帮助消化或消除油腻，故香料被广泛使用于食物当中，形成了独立的用香支系。

甘松、丁香、八角、茴香、草果、花椒、胡椒、砂仁、山柰、豆蔻、香叶、陈皮等都是中式菜品里常用的调味料。中国人烹饪常用的香料有四十种以上，不同地区的运用也有差异。中国当代最著名的食用香品当属“十三香”，据说是由包括了紫蔻、肉桂、木香、白芷、花椒、干姜、当归、孜然等在内的十三种香料搭配而成，其用料气味包含辛、温、木香、果香，香气浓郁持久，健脾开胃、理气除湿、祛邪掩腥、解腻提鲜，从和香的角度看，的确是很优秀的组方。

印度也有混合香料入食的配方，那就是著名的“咖喱”，泰国等东南亚国家的菜里也普遍使用。印度咖喱是以丁香、小茴香、胡荽子、芥末籽、姜黄、辣椒、黑胡椒、肉桂、葫芦巴籽等调和而成。

以香料酿酒或泡酒，则令酒芬芳，同时兼具保健身体的作用，如桂花酿、丁香桂皮米酒、当归红花泡酒等。古人不但在酒里加香料，饼、茶里也加入香料，宋代著名的龙团凤饼早期便加有龙脑、麝香。唐代吃茶，则在茶里加了姜、橘皮、茱萸、薄荷等煮来吃。

一口盘中之餐，居然也少不了香的画龙点睛。

4. 香之养用

在汉代，已经有一套受道家养生、中医理论所影响而形成的关于和香的药、理、法、方体系。

关于芳香植物运用于养生防病的历史可以追溯到更早的先秦时期，那时人们已经开始用艾草、菖蒲来洗澡防疾，从某种角度去看这两味香草和在一起，也已经是一个简单的和方了。《神农本草经》最早将药材按“君臣佐使”进行分类，按上品、中品、下品归类，上品常用无碍、中品需适当、下品需对症。《本草纲目》中香料基本都归类于上品，也难怪黄庭坚的“香之十德”也说“常用无碍”，想来都是有其道理的。

《神农本草经》成书初期，大量的香料尚未进入中国，但是“君臣佐使”分类药材之法一直被历代医家延用，并不断补充了后来许多外域的香料记录。用香历史一路发展，众多医书不断收录关于香料的药性记载或组方治愈案例，如《肘后备急方》《名医别录》《千金翼方》《外台秘要》《本草纲目》等都是具有影响力的中医学书籍。

养生和香充分运用了中医对各种香料药性的总结，同时结合中医处理药材的一些工艺，而成为中华用香中一类重要的制香用香体系。

在通过丝绸之路进行香料贸易以前，中国的入药香料的品种是非常有限的，常用蕙、兰、艾、椒、木兰、辛夷等，许多香料在养生疗疾方面的运用比外域地区晚了很久，如青木香、苏合香、沉香、熏陆香、鸡舌香、檀香、藿香、龙脑等香料直至南朝才开始录入医书。而远在此之前，在古埃及等地区，诸多香料已被成熟运用于生活，包括饮食、医疗保健，除了提炼精油，还有油膏、香水，也直接混合用于室内焚烧或祭祀。对于香料的养生医疗运用，世界各区域也存在不同的理论方法。

事实上，中国人的用香方法也是立体化和多元化的。汉代以后，边疆民族的用香与中原地区互相交流整合。各民族所用的香草植物皆为就地取材，也同样将香料用以祭祀、食用，且自成方法。

唐代以后，阿拉伯地区的香料医疗方法不断传入中国，印度佛教医药对香料疗疾的运用也进入了中国，这些方法与中医香疗融合、发展。印度八千年前的阿育吠陀被认为是世界最古老的医学体系，记录了芳香植物在治疗疾病和精神层面的应用。阿育吠陀医学也对中东、古埃及以及我国西藏的医学产生了部分影响。部分藏香的组方就源自印度佛教中的佛经香方，部分藏香则以藏医学《四部医典》为组方指导，用料上就地取材，以藏地主产物入香，如天木、红景天、康巴草、烈香杜鹃花等。藏香气味浓郁、辛香凛冽，与汉地古方香的含蓄内敛气韵大不相同，这与香材选择和组方的香理方法差异是有很大关系的。除了藏族，回族的“汤瓶八诊”也有很多关于香疗的方法，我国苗族、傣族等少数民族也都有用香保健的智慧传统。

外域香疗的方法与我国差异更大。古埃及人约在公元前3000年前，就已经使用了蒸馏技术，提取植物精华，制作香油和香膏，这可能因为炼金师相信精神力量的提升与各种动植物、矿物有关。炼金师们将植物精油用以净化环境，改善生理与心理状态，并将香料大量用于尸体的防腐。之后古希腊人、古罗马人不断完善香方，著有许多关于芳香植物、矿物的书籍，奠定了“西方芳香疗法”的基础。欧洲中世纪还将芳香植物按星座属性划分，比如迷迭香、芸香是太阳属性，薰衣草、茴香是水星属性等，并将疾病归属出星体关系，根据星体属性，不同属性的芳草治疗不同的疾病。

直至今日，西方发展、完善了芳香疗法，更多医师和科学家投入到芳香治疗与运用的研究中，共同推广自然疗法。香气、香料对人体的保健功能，中外均有探索。无论身处何地，总有那一株芬芳是适合人类的，自然对人类的恩赐从未缺失过。

在中国，用于养生的香品并非只是熏烧一类，也有内服香丸、香膏、香酒，按摩香油，涂敷末香，泡浴香汤，熏蒸，艾灸（香灸），佩戴香囊、香袋等不同香品的运用。而香除了直接作用于身，也可影响人的心理。中医对香物的精神作用有许多研究，认为沉香安神、萱草愉悦、白檀解抑郁不舒、麝香醒神，等等。近代以来，中国人的香气运用多是打坐、瑜伽时的用香。

香气对身与心的影响是复杂的，这种影响未必是按药理功效来实现的。

在我数年做香品品鉴的经历中，曾见过当代一些香师复原古代药香组方的香品，它们气味本身并不悦人（当然其中也有制香的客观制约因素存在），大部分品香者在闻到香品是中药味道甚至异味时，都会产生排斥的负面情绪，这很难令人心情愉悦和放松。反而在许多品香者的生活经验中，单单是大自然的花香、森林新鲜叶子的气味都足以调节人的心情。所以，和香者的香气审美与心理状况也是当代香学应该综合探索的，而并非一味关注香料对于身体的功效。

中国人自古有“养生先养心”之说。气味对于心理的调节并非只是药理作用，西方气味心理学的研究为我们提供了很多经验：桂花香味可以减轻疲劳，薄荷味可以提神醒脑，铃兰可让注意力集中，姜味使人高兴甚至幸福，尸体味令人压抑恐惧，臭豆腐味却能勾起食欲，海洋的气味令人松弛，等等。气味与心理的关系复杂，但我们知道，气味所传递的信息，在人们的潜意识中可以记忆的方式呈现，而记忆以情绪的方式表达出来，并影响着人的身体状况。可见香的组方，不可忽视香气的情绪表达。

5. 香之文用

回到历史，我们也能从古人的智慧中找到香味与精神状态的关系。宋代时，香文化开始朝着追求心性与意境的方向发展，文人雅士们为此留下了无数以香气怡情养性的诗篇。香经由人的参与，融入了人文性。这一大类用香后世称为“文人香”。

香文化发展至宋，关于黄庭坚、苏东坡等文人用香的故事和诗词比比皆是，香发展成为了一种艺术形式，催生了无数艺术家、文学家的创作灵感。文人们写诗作画、抚琴论道无不以香为伴。不过，我想探讨的是，文人香究竟是不是指文人在书房看书、琴台抚琴时燃的香？

“文人香”应具备“人文”的广度，包含文学、艺术、美学、教育、哲学等范畴。文人香强调艺术性，借助香气语言来写景状物、抒情表意，让香品有更丰富的可品可赏性。

品气味韵味，赏意境哲思，香成了鼻端品味欣赏的艺术。文人香的和香、用香应朝着心性的境界去调配，而这取决于在组方制作时，香师对于香意的赋予能力和表达能力，这是对和香制香更高层次的挑战。

文人和香——和之以意

什么是香意？

香意就是以香表意，包含了人文精神的“意”和气味综合艺术的“意”。以香为笔，可以通过香气描述香师的心情和思想，勾勒风景画面，构建山水庭园；以香为琴，可以通过香气韵律表达音律的抑扬顿挫。

香气表达的人文意趣就是香意，香气构成了意境。意境是中国审美特有的一个词汇，言有尽而意无穷，这让中国传统艺术有了抽象美，才有了个体感受的差异性体悟。香的意境是一种虚化了的艺术氛围，是与作为载体的香料意象相辅相成而呈现出来的。

一款文人香的香意应同时具备三个层次的表现，即：香气、香韵、香境。

香气，直接来源于香料发出的味道。

香韵，存在于空间之中，并引发情绪。

香境，则是香气和香韵互相作用，引发身心感受。品香者以综合的情感、视觉、听觉等通感构成体验，通过嗅觉感受到香品中香师想表达的情感或风景意象。

就文人香来说，传承并不仅仅局限于对古代香方的气味复制中，更多的应该透过各种“有思想”的气味，让品香者去思考和感悟人文精神。传统留给我们可以继承的人文精神是什么？这些精神通过今人对香气的表达是不是也能表达出来？如果可以，那么今人所制之香便是有所传承的香。一个民族的精神无论以何种艺术形式存在，都应该反映出这个民族的风骨面貌。

文人香的香意表呈是广阔丰富的，气味风格自由多变，不受模式限制，从气味到韵味到意境的表现是相互作用、相互融合的，能表达出制香师的思想观点和主张，能体现民族文化的精神传承，这些表现是超越气味本身的。

既然不局限于某种风格的气味，那么文人香作为艺术形式的一部分，就应该呈现各种气味风格，就像书画诗词一样，有不同的风格呈现，或是古韵或是今味，或收敛或奔放，或浓郁或清淡……经由香气去描摹呈现出各种各样的风景。这给组方格局思路带来了广阔的空间，令香方不再局限于某几种香料的组合配对关系中。

那么，香意从何赋予？

香意的赋予主要从两个角度来探讨，一是植物与生俱来的香性表达，二是香师个人的综合修养。

1. 植物天然属性特质

香料自古就呈现出意象之美，屈原是历史上较早将香物气质上升到人格灵性的重要人物，其作品多以香草寄情表意、抒发思想。《离骚》中多次提及香草，文中充满了植物人格化的意象之美。以香草比美德，以臭草比恶德，这种比兴手法被后世诗文采用。

自古至今，中国人对香花草物的解读就充满寓意审美。菊花淡泊、清贞似飘逸的隐士；梅花高洁、傲骨如志士；竹具清雅、虚心、谦逊之德；兰则贤达、脱俗、空灵。这种对植物的解读，延伸到了各种香料的“香性”品读上。

每一种香料都有不同的气味能量，不同的气味能量又能引发人不一样的情绪感受，还会有画面、色彩、声音的通感感受，这些丰富的感受最终构成了“香性”。李贺描写香的诗就含有大量的通感运用，对视觉、听觉、触觉、味觉的描写都非常生动，其诗作从单料香自身发出的香气，描写到日用物品的芳香、美人芳香，借助诗中的香气意象表达自己的人生追求。李贺对香意的用词也是相当精美：竹香、绿香、刺香、暖香、水香、香雨、香雪、香丝……无处不添香的生活实现了香意基于气味又超越气味的审美。

香意来自香物天然的属性，经由气味引发感受，例如，老山檀的气味温暖，会让人有被呵护的感觉，木质香则让人联想到高大和安稳。

安稳和温暖都会令人产生暖色调的色彩通感感受。而花香、甜、奶香则会让人感觉到母性和女性的气息，再加上安稳呵护感，就会构建起一个成熟女性的人格特质的通感。而老山檀特有的辛辣气息会给人一种力量感，所以这个香料男性化的一面又呈现出来，再结合到安稳感和高大感，阳光和阳刚的气息更加明朗，依靠感也会产生出来，甚至产生出雄伟、庄严、肃穆的感受。历史用香的经验告诉我们，老山檀是佛教礼佛的重要香料，基于这种经验和气味的记忆，我们还会联想到寺院的画面，或者基于木质的气味而联想到树林，因温暖而联想到太阳的光芒、秋天的田野、太阳照射的树木、高大辉煌的建筑，等等。

一味香料能引发我们的通感，这就是植物自身所具备的属性特质，这就是“香性”。香师一旦熟悉了各种香料的香性，即可犹如诗人运用词汇、画家运用颜色一样，运用香料来表达思想和描绘风景，最终形成“香意”。

香意是和香的艺术层次，是香气所表达的综合意象美。深入了解香意，则是了解一款和香作品所呈现出来的人文精神。香意的人文精神才是文人香超越其物质功能的价值。

2. 香师综合修养

香意的赋予除了来自香料本身的物性外，更多地来自人的参与，这使得人文关怀和人文精神参与其中。而这需要香师具备综合的修养，除了能了解各种香料的产地特性、炮制工艺外，还需要旁触植物学、心理学、医疗养生、琴棋书画、诗词歌赋等。香师超越技艺层面的核心修养是“格物致知”，从对世界万物的认知，形成个人的艺术观点和见解主张，再通过香料的香性表达出来。

仅靠香师的制香技能，香意是无法达到一定深度的。香意也无法按别人的香方照搬复制出来，靠他人香方复制出来的香，无论是韵味还是意境肯定会与原作有所差别。香意是香师组方的思维和格局从功能型用香中跳出来后，将香转化为艺术品的过程。香师就是艺术家，其艺术的精神面貌使得文人香具备了人文品格的魅力高度。香师通过对世界的认知、探究事物原理获得智慧、明晰人间百态。物格而知至，知至而意诚，意诚而心正，心正而修身。故格物致知是香师组方文人香的关键。

在过去的认知中，少有人谈及组方制香对香师品格塑造发生的作用，或者说，香师的品格对香物精神层面的塑造作用也是被忽略的。一款优秀的文人香除了香气和谐、香韵有所变化外，还应对人有精神思想的启迪和善意仁德的传递，呈现香气艺术的人文精神价值高度。这个层面既是香者人文精神的呈现，也是香气艺术品精神价值的所在。

于品香者而言，品味到一款优秀的文人香，不只得到了气味美的艺术享受，更能隔着时间与空间，和香师产生心灵共鸣，甚至启迪其思想，引发品香者的哲思和灵感。正如一本好书能带给读者启迪与思考一样。

香师要和出高品质的文人香，必须要提升人格的修养。文人和香，最终是香料之外的功夫，香师要能站在人文层面去表达出香意的品格和精神深度。

文人香的组方应考虑到三个审美层次：香气审美、香韵审美、香境审美。

传统艺术的审美受儒、释、道三家的影响。儒家以礼、仁为核心，强调美善统一，正人正己，审美风格较为严谨。若从香气作品的角度探讨，受儒家审美影响的香师所呈现的也是严谨工整的组方思维，例如“君臣佐使法”就是相对比较严谨、对应统一的组方法。“君臣佐使”组方法有着严格的次第关系、中正的协作关系，以此法所和之香的气质、气韵融合端庄，变化平缓，强调高度和谐。

道家则崇尚自然之道，强调“见素抱朴”，追求没有矫饰的自然美和个体精神自由。组方时，“二君多臣”的变化给方局带来了自由灵动，也有一些不为广传的组方方法，体现了这种自然素朴的香气审美。

法由心生，境由心造，而心为空寂——佛家的空寂之美充满了悠长的意味。受佛家思想影响的香师更加强调以香气普熏十方，讲求香韵的光明与慈悲，清明与寂静。

佛道二家都以清静为深层审美，故而受此影响所呈现出来的香方，在香韵上大多强调清、雅、淡、幽。可见香气的韵味、组方的方法、制香的方法背后，有香师个人审美观点和美学立场的支持，而最终呈现出中国式审美传承之下的香气表达。

和香，法取变化，因缘而和，方显和合本然。

因香之用途不同，而有了组方时不同的缘起，不同的缘起则决定了组方方法和香品形态，决定了香料产地、等级的选择和炮制方法以及窖藏时间等。和香组方本就是一场天地万物与人在当下的因缘聚会。当代制香，不应拘泥于某些片面零散的见地，也不应该拘泥于某种单一的组方方法，而要一方面以历史经验去观察借鉴，另一方面回到当下的用香环境里来实践。当下的时、境、因缘所制的香物该是什么样的组方方法？这是值得探寻和实践的，不可一概而论。

治局成香，如何和一款香？

“成局”是个很有意思的词。就香方的成局而言，只要是会组方的香师所组的香方，并没有香局成与不成的分别。当一款香的组方书写好的时候，香局已成，每个人所写的香方都会成局，只是这个“局”所散发的气韵和能量会有所差别。香师的内在修为决定了香局的格局和香方发挥的能量，另外，择料、工艺、组方各个环节也会影响到一款香所成的大局。

在香方的组方成局里，有一点值得强调，那就是香局和药局是不同的。常常有人说“药香同源”，这会导致许多误区。香与药同源不同局，香的组方与药的组方还是有区别的。香是通过鼻端而影响身体和心理状态，汤药是服用后通过消化系统作用于身体，这使得香与药所发生的作用也会有差异。

香的组方基础就是气味，所以和香并不是和药，气味是香品组方的根本，而药是可以完全抛弃气味的。香与药在组方成局的出发点上已经大不相同，所以不可一概而论，更不可以药方之局来代替香方之局。

如何着手组方并制作一款香呢？

首先要学习并熟知单料香的香性。

那么，什么是“香性”？香物综合的属性被称为香性。

广义上的香性可以理解为香的特性、共性，泛指香的包容、自由、宁静、变化、无形等特质。

狭义上的香性包括了成品香的香性和单料香的香性两大类。成品香的香性要展开描述比较复杂，需要另辟篇幅。在此谈的是如何和香，便主要就单料香的香性进行解读。香师识香、知香的过程就是认知香料能量、人与自然关系的过程，这是制香的基本功。

单料香性的解读对于一个香师来说，至关重要，无论运用何种组方方法，对单料香不熟的话，一切皆枉然。在解读香性的时候应该培养对香料的平等心态，不分香料的贵贱，而客观地去感知每一种香料的个性魅力。每一种香料都具有自身独一无二、不可代替的香性，正是因为香性的差异化，香师才能和合出丰富奇妙的香意世界。

香性的解读分为两类。一类是生料的直接解读，对只经过简单洗捡处理的“生香料”进行香性的认知。另一类是对经过较复杂的炮制工艺处理过的“熟料”进行解读。炮制后“熟料”与“生料”的香性会有一定差异，故需要在炮制后进行再次解读。

香性的解读是一件需要反复练习的基本功。就像音乐家对每个音符的理解、诗人对每个字词的理解一样，香师对每一种香料的理解都会有自己独特的角度，在这些差异化的解读中，也会存在共性的感知。香气艺术的变化与统一之美也正体现在这些共性与差异之中。识香如识人，亦如识大千世界。

我总结了十四个角度，来解读单料香的香性，形成了“至和香修”的“单芳十四解”单料解读法，即气味、情绪、身体、空间、音律、色彩、个性、意象、药用功效、炮制、性状、产地、采摘、陈放。

香性涵盖了香料的一切特性，是和香的基础功课，也是体现香师运用香料的个体差异所在。香性是物的初始，因为有了人的参与而发生了质的转化和升华。

学会解读香性之后，就要着手准备和香了。如何和一款香？这并非是觉得哪个香料好就用这个香料搭配一下，也并非是看到一个古代香方就在上面改一改，改出一个新香方来。

用古人香方改的新香方非但不能复原古香的气味，而且也不能恢复古方的韵味和香意品格。古方有其时代背景下的用香因缘和气味审美，已不适合当下的情境了，如果不明白古方组方的缘起背景和古人想透过香气呈现什么，模仿出来的古方是“具形不具神”的。一些香师喜欢追求气味的好闻，用高档香材拼血本制作好闻的香，除了气味外，这样的香非常空洞，也没有文化内涵。还有甚者拿几首古诗往香品的标签上一贴，以为取一个好听的名字，就是文人香了，这样的香气和意境往往名不符实、文不对题。

如何才能和一款富有生命和人文思想的香？一个优良的香方因香品使用的缘起而定局，经过香师的“格物致和”赋予香意气味、韵味、意境或功效作用。一款香的诞生需要经过以下流程：

格物→成局→审方→备料→炮制→成品→窖藏→包装储藏

1. 格物

因何种缘由而制香是一个方局的方向，组方的思维布局也就从这个方向开始。

许多人常常会直接先进入香料组方配伍的环节，没有“格物”，而直接组方、调配香味，香方出来后，闻其味道像兰花味，就命香名叫做“兰”。事实上组方如行文，文章要表达什么，需要的是“意在笔先”，这个“意”便是组方格物的过程。

致知在格物，格物而后知。组方是有方局的规矩约束的，在规矩中去协调气味。组方是一个格物致知的过程。

选择的每一个香料，在香方中都要发挥作用，并非胡用。或发挥其调解气味的作用、或发挥治疗功效的作用、或发挥表情达意的作用、或发挥描景写物的作用，或辅佐或反佐。每个香料的布局都有其目的，功能都有其指向。格物是一个严谨而全面的思考过程，组方既要基于气味基础又要远远超越气味层面。

古人的香方是古人的思想见地，是古人的格物致知。历来多人制作“梅花香”，使传世的梅花香方有很多，今人拿来拼凑改动一下就变成自己的“梅花香”了。然而每个人对梅花都有不同的理解，每个人心中梅花的品格和审美都会有不同的表现，就像那些咏梅的诗句一样，每个诗人笔下描写出来的梅花诗都不同，怎么能随便拿一首诗来改动一两个词、组个句子，就说你作的是梅花诗呢？

香师若要表达“梅”，应该以自己的角度去审美、格物，整理出自己对梅花的理解，这是香方赋予香物生命内涵的过程。有的香师觉得梅是孤寂的，有人觉得梅是冷艳的，有人觉得梅是傲然的，每个人心中都有一朵不同于他人的梅，梅花香的气韵香意自然会由不同的香料去实现。

香方是香师的情感思想、观点和主张。

2. 成局

和香并非简单的香料拼凑，而是香师综合修养的呈现，包含了香师对香料知识的了解、对香性的认知、对一款香的方局思考、对工艺的驾驭能力等，这些都需要在组方的时候考虑周全。组方具体则包含了气味、功用、副作用、择料、艺术表现、计量、炮制工艺等内容。

组方成局有一些传统的方法，如“君臣佐使法”，这是目前最广为人知的方法，与中医组方理论有一定的关联。当然也有一些组方方法与此法有不同之处。

对于初学者来说，“气味叠加法”是一种很好的组方基础练习法，即以一味香料作为主使料，自由叠加辅香，辅香可以辅助可以反佐，计量较之主使料要少，但可自由发挥，不过考虑到功效，仍需注意配伍禁忌。此法简单易操作，规矩少、局限较少，很方便初学者了解香性的搭配和合，能培养起香师的香气感性直觉。

组方的方法多种多样，因何种缘由而制香，这决定了香方发挥的作用效果，也决定了香师选择什么组方方法。成方就是一个布局的过程，这个方局的主使是什么，辅料是什么，不轻易在组方的过程中改变思路，这需要香师在每一味香料的选择上始终保持着清明的觉知。

初学者往往在这个过程中很容易被打乱思维，偏离了格物立意的初衷，在成局的过程中加入了许多最初构思时没有的内容，导致香方即便有“君臣佐使”的格式，也会在最终的气韵和功效表现上跑题。比如，为了呈现梅花的傲雪凌寒风骨而和的香，在组方的时候又想加一点助眠的功能，或又想多描绘一些雪地等，这样念头不清的组方，香局定是混乱的，香料也就失去了指向性和目标任务，香方便成为香料的东拼西凑。

香方确立后，要进行“试香”。依据“草方”制作出试品香，再依据格物的思路和制出成品香，依据成品的香气、香韵、香境的综合表现，确立下香品的名字。

命名是香方的一个构成部分，犹如文章标题是文章的一部分一样。名字并非空穴来风，需要与格物、成局的思路保持一致。

格物决定了成局，成局决定了命名，环环相扣。

有的香品，特别是文人香，可以通过书跋来表达香品所表现的香意。香意的品评以文字来表达便是“品题”，是对香品的品味、玩赏等内容的简短说明，也多以诗歌的形式表达。“品题”是香师对香品的归纳与总结。

但不是所有的香都必须写品题，这不是一个必须的环节。好的香品本身已经有其明确的香意，可以由鼻子去感受，不一定要依赖于文字的表达与解读。

3. 审方

香方书写好以后，应审方。尤其是文人香，香师常常会因过度沉浸在香意情绪中，而忽略了方子出来后的效果问题。应注意由以下方面去检查香方是否成立。

首先是检查香方里各香料的生克关系和毒副作用，可再次修改方局或炮制方法。

其次是检查燃烧性能，对燃烧有问题的香方，应调整方局里的可燃料、易燃料和不燃料的计量比例。

然后是检审气味，对有气味遮盖性的香料计量进行调整。气味覆盖性强的香料计量不可过大，会导致香方中其他香料无法出香，至于具体计量不好规定，需要根据具体香方来看。哪些香料的覆盖性强呢？如麝香、龙脑香、甲香、安息香、蜘蛛香、补骨脂、木香、丁香、玫瑰、桂花、辛夷、薄荷、佩兰、甘松、艾草、薰衣草、当归、藏红花等。即便是香意表达的需要，也应该适当调节这些覆盖性香料的计量，以调和整个香方的气味和香韵。

最后是检审韵味，用身体感受香境表意，是否与其命名契合，是否表达了香意品题所描述的意境。

检审完成后，将草方制作为成品，再测闻效果，依据成品情况可再次对香方进行修改，直至最后成方。

4. 备料

根据组方的需要，挑选适合的香料。香料在研磨打粉前应修制，通过清洗、选拣，去除香料的杂质。花朵一般需要去蒂，果实或去皮，或将果壳与籽分离等，然后将香料晾晒、切片或切段，然后再研磨成粉末（或炮制后再研磨成粉）。

5. 炮制

在炮制之中或之前，需要根据香方对部分香料进行深入炮制。炮制的目的主要是改善香料的香气，突出优点、弱化缺点。通常的炮制方法有蒸、炒、浸、煮等，具体采用什么方法根据香料和组方而定。

6. 成品

根据香方比例称重后，将炮制后的香粉混合成香泥，再通过手工或器械挤压成形，做成相应的成品香。常规的和香成品形态有：线香、盘香、塔香（锥香）、香丸、香片、香膏、柱香（签香）、棒香、龙挂香等。

7. 窖藏

成品香完成时并不是最佳的品闻时机，而需要将其窖藏，转化香气和减弱辛燥气。通常的做法是把香存放在一个背阴、透气且干燥的地窖，条件不允许的话存于阴凉的库房也是可以的。窖藏时间的长短也是根据组方和当时的气候、温度、湿度决定，一般在三到六个月。

至和香修香方书写格式

时 / 境	
格物	
成局	
炮制	
审方	
命名	
品题	
窖藏	

如何多角度去构思组香方

1. 从气味表达构思组方

举个例子，对日用除异味和营造空间氛围的香品而言，组方的重点应该放在气味的张力、广度、浓度和空间停留性上。除异味的日用香，应采用一些有驱散化解作用的香材，比如橙皮、丁香、柠檬、乳香一类的果香型香料，也可以用发散较快的桂花、玫瑰、冰片一类香料，同时还应该搭配具有净化空间功效的香材，如艾草、菖蒲、苍术、薄荷、迷迭香、香茅草、藿香、柏木、天木等。

严格来说，所有的香都应以气味为和合基础，组方择料的时候最应该考虑的是调和整款香的气味变化和主要味系，考虑香料与香料之间气味的融合程度、协调性、变化性。

2. 从韵律变化构思组方

组方立局的重点还可从香料的空间感和体感出发，考虑整款香的香气变化、丰富程度，从而形成韵律美。前面提到过香韵的存在，有的香料出香速度快，有的慢；有的是片状出香，在空气中再变化为丝缕状；有的是放射状线条或柱状出香；有的是团状转片状出香，等等。有的香料气味浓，有的清淡，也有各种滋味的变化。这些变化都与“韵”在香方中的布局运用有关系。从某种程度上说，香气的味与韵是共同存在的，韵的变化为一款香增加了无形的表现力。掌握不同单料香的出香特点、空间存在、流动变化即可表现丰富的香气韵律感。

韵的运用，一般来说有规律可循。根块类的香料，气味稳固沉着；枝干类的香料，气味高大宽广；树脂类的香料，气味有水或风的流动感；花朵类、果实类的香料，气味有跳跃波动感。

3. 从香境表达构思组方

香意的表达需要考虑每种香料入方时的香气语境，将欲表达的意境转化在某些香料上来组合成方。选择香料的重点是在香料的意象描摹及情感表达的作用上，这是香气能写景、状物、表意的部分。组方时，格物环节起到了很大作用，格物决定了要取什么样的香料进行表达。香方要表达温暖如春的意境，入选的一定是暖型新生感香料；香方要表达森林的意境，入选的一定会有枝干类树木感的香料。

4. 从香的形态构思组方

成品香的形态也是组方构思的重要部分。

（1）用来熏的香品：香丸、香片、香膏

这类香品在熏的时候温度相对较低，火力缓和而又需持续出香，所以适合多用发散性强的香料配合稳定出香的香料来组方。

部分香料和合后由于低温会无法充分出香，影响整款香的表达效果，许多时候熏出来效果不佳的香方换做烧会表现得非常优秀。

有的香料烧的时候烧火味比较重，不敢用多，熏则不存在这个问题。此外，香膏、香丸通常以蜜制成，组方择料时也需要考虑香料与蜜融合后的出香效果。

（2）用来烧的香品：线香、篆香、盘香等

烧的香通常出香稳定，但是一些花朵类、草本类、叶子类的香料燃烧后容易出现烧火味，需要注意计量或通过炮制改善，这就应在组方的时候有所考虑。在汉地，古代香方中亦少运用这几类香材，主要是因为这些香材不但烟火味重，而且少在君药、臣药之列。我常戏言它们有种不得宠爱的感觉。而我在和香过程中，要求自己对香料不可分优劣，要以平等心看待万物，以“和”之精神去尽力和合它们。取长补短，总能得趣，人心也会在此间得到这些香物的滋养。

（3）生闻的香品：香囊、香饰（香珠、香牌）

这类香品不是用来熏或烧的，组方时，生闻效果不佳的香料计量比例不宜过多，发散过快的香料生闻固然好，但是持久度不够，也应注意把控好计量。

大和有美——香和、意和、术和、艺和

“和”这个传统文化思想，也融入到了中国美学的艺术方面，如画中存诗、乐中有画、诗中闻乐……香气之中不乏五感之美，而香除了香料与香料的和合外，还有香气与其他艺术形式的结合之美。这种将香气艺术延展到其他艺术领域的和合是一种更大范围的通感体验，多以文人香来呈现。从香学美学的大角度来诠释香的意韵艺趣，能呈现和合的艺术魅力。

1. 香与茶之和

在当代香文化中，流行将以沉香、檀香为主的单料香直接熏烧。因是单料香，品赏上有所局限，所以在与一些高香型的茶同时品赏的时候，容易出现熏烧香抢茶香的情况，这也令许多人有一个误区，认为喝茶的同时不能品香。和香的优点在于，它可以协调和表达香气，不但不会扰了茶的香气，反而会令茶香更得韵味。

香与茶的共赏有三种基本的组方立局思路：一是香品与茶品在气味上的反佐或相辅；二是香境与茶境的韵、意相和；三是香之功效与茶之功效相合。

比如温润醇厚的熟普洱茶以清凉轻盈型的香品而和，可使鼻腔有清凉感，而让舌尖口腔的温润感更突出；像乌龙、铁观音这类香气丰富的茶则不需要高香、浓香型的香品，可以选择下沉的素朴的清香、木香型的香品。

通过嗅觉与味觉，使鼻腔和口腔的感受形成对比却又互补，因此，香与茶和的组方创作空间非常广。

香境与茶境之和，需要对茶的茶性有一个解读，再结合香的意境和韵味一同品赏。我有一款叫做“栖鸟”的香，所搭配共同品赏的茶是熟普洱茶类，这里就此香的和香组方构思做简要分享。

<table>
<tr><td colspan="2">解读熟普洱茶</td><td colspan="2">以香和熟普洱茶构思</td></tr>
<tr><td>性／味</td><td>醇和、温厚；
陈香、果香、木香、甜香、变化丰富。</td><td>香气</td><td>主：草本凉香型（轻）凉、辛、草香、木香；
次：树脂香；
微：花香回甘、苦。</td></tr>
<tr><td>个性</td><td>如中年的沉稳、经历过岁月沧桑后的沉淀，有韵味，内敛、包容、温润、温暖、承载敦厚。</td><td>香韵</td><td>清新、清晰、向上、简单、自由、流动、轻扬、暗藏坚韧。</td></tr>
<tr><td>茶境</td><td>悠长醇绵，温润的岁月饱含经历，充满力量却不彰显，是承载、接纳、包容。似有凝重，像苍老的树根与泥土，或是夕阳中寂静怀旧的海滩，斑斓而深沉。</td><td>香境</td><td>清新自由的风、摇曳的树枝、日出前的远山青岱，有云雾萦绕，一缕曙光即将到来，黎明里的安静即将划破，飞翔而至的鸟轻落枝头，即将鸣啼。</td></tr>
<tr><td colspan="2">茶香共品之香意</td><td colspan="2">即便岁月蹉跎凝重，也要轻扬心底自由，知舍得、无挂碍。</td></tr>
<tr><td colspan="2">香意品题</td><td colspan="2">我醒来 看见时间疏密有致
枝头的剔透 抖落一颗
滴进风的唇角
天空无碍 快些来吧
漫无目的 是最大的快乐
偷吃一口日出
然后披着雨滴 眺望山崖
不恋枝头 不恋枝头
我只是停下来 闻了闻
新鲜的早晨
（主题：断离）</td></tr>
</table>

关于茶香共赏，古人早有经验。《茗谭》里讲到："品茶最是清事，若无好香在炉，遂乏一段幽趣。焚香雅有逸韵，若无名茶浮碗，终少一番胜缘。是故，茶香两相为用，缺一不可。"

2. 香与乐和

香与音乐的共赏是韵律美的共赏，香具备气的流动变化而产生韵律感，这种韵律的存在与音乐的韵律存在很类似。品香时，所配音乐的风格并没有限制，不一定用中国传统的音乐，我也尝试过配日本或西方的乐曲，都可以得到乐趣。从香气的整体韵律来说，有的和香作品是浓烈、热情、奔放的，有的是安静、恬淡的，有的是力量浑厚的，有的是节奏舒缓的。有了轻重缓急的变化，这些感受与音乐的音律变化合成共鸣。同时，每一款香都表述一个意境，每首乐曲也有一个意境，香与乐的意境亦可找到共鸣之处，感官上视觉与听觉产生共鸣，便成了香与乐之和的乐趣。

3. 香与画和

画有笔触神韵或色彩变化，香，同样具备这些，一款香乍一品，就能体会到香气分子在空间凝集流动时形成的某些"形状"或"笔触"质感，也会有因气味激发而产生的色彩联想。温暖型的香多呈现红、橙、黄、紫等色，反之清凉型香则是绿、蓝、灰、白的冷色调，当然细微品下去，还有其他色彩及形状、笔触上的变化。笔触感或画面意象都是香意内涵的表现。

与音乐和香一样，画香之间也存在意境相和。我有一款香叫"柏音”，其香境是描绘老柏之下抚琴的老者。一次雅集时，杭州的胡高峰老师为此香即兴泼墨。由柏木、越南土沉、老山檀、当归等构架的香境意象画面，与画家呈现在画面上的蟠龙苍劲的老柏树很是对味。

4. 香与诗和

香与诗词的结合欣赏，主要是香意与诗词韵律意境上的共赏。香激发人产生画面、场景、意境的感受，与诗词的意境、画面、景色相互呼应。

5. 香与兴和

“即兴和香”是基于香师学、术、技、艺等综合修养而阐发的香意即兴表达，一般在雅集时赏玩。虽然是即兴，但也需要和出的香有香气的韵味和意境的体验，要让品香者能品赏出味道背后的内涵。

事实上，即兴和香也是有组方成局思路的，并非香料的乱拼乱凑。不同于成品和香的是，即兴和香少了窖藏过程和复杂的炮制工艺（当然也可使用事先炮制过的单料香材）。

无论从哪种艺术角度切入，香物的赏玩所依赖的都是五感与情绪，我们须以“眼耳鼻舌身”综合去体会。艺术是共通的，香气以鼻端的呼吸为体验，以气味作为表现形式，其审美依旧离不开中国传统艺术的意象美、诗意美，对偶、比拟、写意、白描等手法的运用亦可以通过香的组方立局来表现。

虚实相生，寓静于动，香气艺术与其他传统艺术一样，讲究意境、意韵、情致。无论儒家的依仁游艺，还是道家的自然平衡，抑或是佛家的空明寂慈，都表现出了既内在又超越的情理的和谐。将生命之美与善意融入艺术，始终呈现道德与艺术的双向融合，传达人类的至善至美，这正是和合的精神所在。

第七章　动静之间

行香：简单的动作重复做，拿取放下间，得清宁。

行香一词泛指燃香、上香、拈香，据说始于晋代道安法师，是法会的一种仪式。唐代“行香”较盛，朝礼行香，多于国忌日。五代后梁，则有了祝寿行香。明清以来，民间庙会也将“走会”称为“行香”，以此形式祈福丰年，这一时期官员上任时或定期到文庙、武庙焚香祭拜，也称为“行香”。

这些零零总总的历史记录里，行香与仪式感密不可分。当代的行香一词，则是指在席间将香物按一定的仪式仪轨进行燃熏。

在“至和香修”的学习方法中，首先要借由“香之行”而达“身之行”。香者于香席间练习行香，既是香修的学习训练方法，也是借香养心、改善心态的门径。

行香不是表演，是仪式。

中国人生命中那些延续千年的“仪式感”，虽于今天显得淡薄了，却也从未消失。我们从来不缺少参加婚礼仪式、开学仪式、开业仪式的经历，身在这些仪式的特殊时刻，我们都会体会到人生的某种崭新变化，或者油然而生某种使命感。

我记忆中的外婆，总是穿自己最新最体面的衣服去别人家做客，因为一件新衣的选择会带来做客的仪式感，做客的心情也变得不同于日常的美好。童年时，我只有在大年初一那天才能郑重地从头到脚穿一全套新衣物，节日的仪式感令我这一代人还保持着对物件的珍惜感和对物质的敬畏，我儿时的一件玩具可以保留二十几年的时间。而现在的孩子每天都有新衣物，每天都像过节一样消耗物质。孩子们随便就能得到新衣服和堆满屋子的玩具，这让孩子缺少了生活的仪式感，同时可能会让他们在日常成长中也失去了珍惜、节俭、敬重的传统美德。

所以，无论今天的物质生活如何丰富，在精神上，我们终是需要一些仪式的规矩，去约束和提醒我们。让一些仪式郑重其事地存在，提醒我们摆正心态，以强化我们的某种行为，令身心一致，并保持在积极的状态中。

香席行香，能令内心重回日常被遗忘的仪式状态。仪式感让生活的某个时刻变得与其他时刻不同，这个不同的时刻能唤醒我们内心的尊重感，从而去尊重生活的其他时刻和身边的万物。仪式感会让我们重新重视“敬畏心”和“存在感”。仪式感的存在给了心灵一个改变的时机，我们因此能由此刻开始不同于过往。在仪式中行香，身心得到收摄和管理，令心不再如日常一样散漫。所以，我们需要仪式感给予我们一个特别的时刻，让这颗纷乱的心安顿下来。这就是香席行香仪式的必要性。

行香不是仪式，是习惯。

“行香十二式”通过仪式仪轨让香者践修，让香者内心保持在宁静的状态中。每天能有一段时光在香席间宁静地行香，就是每天在培养自己的“安静心”。每次品香前，按仪轨行一次香，便是将自己安顿于一个安静的当下，反复训练这些仪式仪轨，“安静”会成为我们生命状态的一种常态。

“安静的习惯”对于我们的生活来说是非常重要的。在当代快节奏和信息爆炸的氛围中，我们的内心时常是处于嘈杂纷扰中的，难以以安静的状态去处理事务和生活，所以导致内心堆积的负面情绪非常多。若养成内心安静的习惯，心情便可以得到持续性管理，负面情绪渐次得到疏导，生活状态发生改善。

人的意识非常复杂，在一般情况下，我们对自己的情绪和意识只有一种表面的觉察，只有在安静时我们才能觉察到自己深层次的意识，所以“安静心”的培养对于情绪的自我管理是很有效的。从习香的角度说，心安静了嗅觉也会随之敏锐、细腻和全面。所以说，行香仪轨的练习是改善内心负荷的一种方式，是自控力的培养，也是提升习香者品香水平的基本入门功课。

行香不是习惯，是修正。

无论是习香还是借香修心、改善纷乱的生活状态，所要做的入门学习就是正经八百地行好一炉香。通过香席行香的仪轨，自我调节，每天给自己的生活增加一点修正内心的仪式感，让自己保持在安静的状态中。好习惯不是与生俱来的，而是需要后天培养。在成长过程中，外界的影响导致我们的内心渐渐复杂纷乱，烦恼倍生。因此我们需要在不断重复的仪式中让心反复地练习，安静的心便会成为常态，并在仪式之外存在于自身。

香席行香，虚一而静

对于大多数人来说，他们是不可能成为制香师的，更多的人只能用香、品香，所以香席行香也就是让大多数人用一个空间和一套方法来训练自己，靠“行香”和“品香”培养用香者的修养和精神追求。

《荀子》里言：“心何以知？曰：‘虚一而静。’”对事物的认识判断要有定见，而定见正是来自“虚一而静”。不以自己已有的认识妨碍新的认识，虚心、专心、静心，便是“虚一而静”的状态。这种状态在行香中得到充分的运用，以虚心、专心、静心做好行香的一招一式，令心达到“虚一而静”，便可对行香之外的诸事物冷静观察、正确认识，正确处理生活、工作的一切状况。

香席行香，主要通过“简单的动作重复做”的方式，规范香者在香席间燃香、熏香的动作流程和仪轨，规范香者的技艺标准。借助反复的操作来消磨香者的焦躁和纷乱心态，提升稳定持续的安静力。请注意是“持续的安静力”，这个持续是需要反复的练习方可达到的。将心安置于席间，与器物对话，与香物和合相通，最终使自身情绪稳定，心念不烦杂，方可养成“持续的安静力”。

现在有一些行香方式太过“表演化”，行香者每拿起一件器具，便面带笑容地翻转手中器具，示意观众观看手中物件，手部动作花俏似在席间舞蹈。原本可以直接伸手拿起来的器物，为了视觉效果，故意绕腕翘指，舞动几下方才拿取，这样的表演不但显得多余造作，更显行香者卖弄浮夸，同时观看行香的品香者也很难安静下来，讨论的、拍照的、玩手机的各类人群皆有，让整个香席看起来更像是一场热闹的歌舞剧。

行香的结果是把香物熏燃出味道来品闻，若想品闻到香中趣味，必须以“静心”待香，行香者在行香的过程中，不但要自心安静下来，同时也要让品香者通过观看行香过程而随之安静下来。对于雅集行香来说，行香是一个自我调节和引导他人调节的双重作用过程。故而，从落座香席的那一刻开始，无论是品香者还是行香者，都应该在行香过程中让心理状态渐次地安静下来，以便迎接品香的高峰，达至品香的精微境界。

过于花俏的行香动作只会使行香者的注意力集中在“外相的表演”上，分神去考虑给观众以笑容和肢体舞动，这本身已经起心动念，何来安静之说？又如何让品香者跟随着行香过程而安静下来？对于没有品香经验的品香者来说，要直接通过闻气味就体会到香物的艺术内涵是比较困难的，静心状态可以帮助品香者的感知细腻敏锐起来。行香者与品香者之间如果无法构建一个安静的品香环境的话，品香也就是个香或者臭的问题，无法再去深谈香中的韵味变化与意境。

对于不参加雅集，独自在家品香的人来说，行香则可作为日常的基础练习，帮助自身形成安静专注的状态。

行香应中正平和、气定神闲、刚柔并济，无关乎炫美和表演，无关乎观众的掌声，而只将心境反映在肢体语言上，呈现平和、淡定、从容的自然状态，不做花俏动作和造作表情，而是简单、凝神、自然，没有一个多余动作，只有每一个当下的投入和专注。

至和香修行香十二式——以静制动

“行香十二式”是通过简单的动作重复做，而使思想集中一处，达到内心的宁静。这是行香所练就的“静功夫”。

古法起香有许多种方法——燔烧法、焖香法、堆烧法、铺香法、打篆法（也叫拓燃法）、熏埋法（也叫隔火空熏法、埋炭法），当代以来以“打篆法”和“熏埋法”最为常用。“行香十二式”所规范的也就是此二法起香的行香仪轨。行好一炉香，练静一颗心。

“行香十二式”以“至和香修六则”——礼、敬、静、善、和、寂的精神为指导，使自己的心态长期地保持在良好的修习状态中。

1. 备物礼器

器具物品在不同时期的形制各不相同，材质和工艺繁多且复杂，材质就有金、银、铜、琉璃、竹、木、陶、瓷、玉、石、象牙等。

准备齐全器物并清洁器具物品，是每次行香前必需的功课。保持备器的严谨态度，做生活中始终有准备的人。而且不但要备器齐全，还应该再次检查器具的清洁程度，确保上席之器具物品的完全洁净，器之洁源于心之洁。

香席常用器具物品清单如下。

（1）器

香瓶：也叫筯瓶、插瓶，用来插放香匙、香筷等的瓶子。

香盒：又称香合、香函，用来盛放香材香品。

香罐：与香盒一样，用来盛放香材香品，香罐密封性更强，容量也更大。

篆炉：炉子形制非常多，作为礼器，香炉在古代已经有专炉专用的礼制。一般来说篆炉都是敞口，且炉身不太高，方便置篆的空间操作。篆炉专用于打篆法的燃香方式。

空熏炉：也叫闻香炉，闻香炉口窄小，宜于聚拢香气，便于品闻香气。炉身较高，便于埋置香炭，常用于隔火空熏的熏香方式。

烤炭碟：用于燃烧香炭时放置香炭。

烛台：用于点燃香炭时放置蜡烛。

弃物碟：用于放置燃烧后的火柴残物。

（2）具

香篆：用于燃香前将香粉规范成形的模具。香篆多以吉祥图案设计，最初是以篆体字设计，在古代一度作为计时之用，后来成为了“赏香之美”的一部分。

银叶：用于隔火空熏时覆盖火炭上方、盛放香品以隔火的微小容器。古代有以银钱隔火的，也有用砂锅片、玉片、陶瓷、石棉布来隔火的。

香筷：也叫香箸。在日式香道的七种工具中，“香筷”“火筷”与“银叶夹”是分开的三件工具，分别用于夹取香品、香炭和银叶。中国人崇尚大道至简，用具简约得多，最常见是三件具。

灰压：用于处置香灰，压平香灰或做香灰造型。

尘扫：也叫羽扫或者尘帚，用于清扫香炉上的香灰。

香勺：也叫香匙，用于打篆填篆模时舀取香粉，或隔火空熏时舀取较细小的香品。

香铲：也叫小香铲，用于打篆时填平香粉。

（3）物

香灰：也叫炉灰，用于辅助香品在香炉中的熏烧。

香炭：用于隔火空熏时熏燃香品，也可用于养炉灰，改善香灰受潮情况。

香巾：用于擦拭器具。香巾分大小两块，大香巾尺寸大且布料厚、吸水，用于备器理器时清洗擦拭器具物品。小香巾尺寸小、布料薄，用于行香过程中清洁器具。

席布：用于香几上装饰，也可保护香几。

银叶置：置放银叶于席面时，便于拿取银叶的矮小架子。

火柴：用于点火。

蜡烛：用于隔火空熏时点燃香炭。

香扇：用于隔火空熏时煽燃香炭。

香刀：用于切割单料香材。

割香台：用于切割单料香材时垫底。

银叶盒：用于存放银叶，防止银叶用后丢失。

香盘：又称香台，用于盛放器具的扁平承盘。

香箱：也叫作香盒，做得大一些，既用于收纳器具物品，也可以装饰香席。

香袋：用于盛放香品和香器具。

对于器具物品，不应执着于器物的奢华或者追逐种类的繁多。香的作用正是调养人心，使之安宁，让人从纷乱的情绪和倦怠里暂时解脱出来，让身心得到一定的休息。

当下的时代，许多人意识到追求物欲带来的烦恼，所以选择寻找能释放心灵的方式。香在这个时代所发挥的心灵颐养作用比任何时代都更显非凡效果。因此，在修习香之道的过程中，若过度追求器具的奢华精美，或可能使人成为熏香物的欲望追逐者，反而失去了香之道的精神。在更深层次上，应是摆脱器具的束缚，好的器具可赏、可习、可鉴，并非一定收入囊中。以素心素器、简单朴真贯穿学习的始终，是最好的习香初心，保持好初心的方向而不在学习过程中本末倒置。

当然，虽然提倡“器具简约”的素朴观念，但并不是说在器具的使用上就可以张冠李戴，随便使用替代器物，如将祭炉用于雅集行香，或者是将线香炉用于隔火空熏等这样的错误是不允许的。中国人自古对各种器具的运用都是有规范礼制的，今人学习时应尊重传统。

2. 心要六则

行香，行于香而止于心。

无论是独自焚香还是雅集分享，皆以“静心”为练习核心。“行香十二式”以静制动，通过树立静心静行的观念，收摄自我，时时提醒自我专注于当下的每一步，以安静简单的内心来控制外在肢体的运动，呈现一种由内至外的宁静状态。通过肢体的操作动作，转移思想的杂念，止住心中的杂想，一心一意地将关注点放在每一步行香的动作上和每一件器具的拿取放下上。这样的训练，成为香者日常磨砺内心焦躁和整理散乱内心的方法之一。从流程动作的练习到内心状态的自我觉察，从肢体动作的控制到调整内心的专注，人与香同行。

归纳行香时的六大心要如下，可依此六要调整心态。

（1）心正：心正则身正，身正则内外平和。行香过程要求肢体平和，后背挺直，始终保持身体气脉的通畅，端庄安坐、放松自然，由正心而正姿。

（2）心清：心清净而席干净，器具于席面的状态便呈现出内心的状态，故要保持身、心、物始终的清净状态。

（3）心简：肢体自然收放，没有多余动作。四指并拢保持收摄，中空掌心，空有所放、拢为所收，每个手部动作呈现虚怀而内敛的气韵，不翘兰花指，不绕手腕，不要刻意多余的动作。

（4）心住：心神不散乱，始终保持与每一个当下的动作、每一件器具的拿起放下心手相应，简单的动作重复做，重复持续在每一个"当下"中，让心养成恒持、专注、凝神的习惯。

（5）心融：心与器相融、心与香相融，在专注和宁静中渐次到达心香合一状态。

（6）心明：练习达到娴熟状态后，行香容易进入一个瓶颈，就是"习惯性操作"，这种习惯性操作于表面上看，行香有条不紊，姿态的呈现也是平静的，但是实则是香者意识过度沉浸于某种状态，比如过度沉浸在背景音乐中，或是香物的意境中，肢体的行云流水只是因为对行香程序的习惯性操作罢了，内心其实是不清晰的，被外物牵引的。"清醒地安住"，即既投入于香席香品的意境中，又明确地知道自己当下正在做的每一个动作。

心的本质是宁静的。随着行香，感知着行香的每一个拿取与放下，感受到每一样物件在手中的来去。对手中的每个步骤是否完成不抱任何造作的期望，也不去担心下一个步骤是否会失败，不去对背景心生喜恶，独立于音乐之外，感受于香境之内，又自由于这意境之外。

3. 仪轨

“行香十二式”以香之礼指导规范香者的修养。

（1）礼

①净手礼

无论是雅集还是私下的行香练习，每次行香前必行“净手”，盥洗双手，净手静心，净手为礼。

②入席礼

若是香席雅集，香者应在入席前与来宾互相行礼，以示问候及致谢。站立于香席正后方或者是座位左侧，注目全场后行 45 度鞠躬礼，礼毕入席。

③谢香礼

起香完毕后，行香师行礼，感恩自然的芳香馈赠，再点火燃熏香品。嘉宾应同时随香师行礼，行礼的同时心中须默念“感恩香物赐予”，以此培养香者爱香惜物、礼敬天地万物的观念。

④敬香礼

燃熏香品完毕后，先将香物礼敬天地，以示尊敬。嘉宾应同时随香师行礼，并在心中默念“敬天地”，以此调伏香者傲慢心，培养谦卑谦逊之心。

⑤传香礼

打篆之法一般不做传香品闻，可远闻、可观烟、可赏篆。隔火空熏法则可传递闻香炉品香，传香时先由行香者传出，以坐在行香者两边的年长者一边开始传香，在席间没有贵贱之别，只有长幼和尊卑之分，尊的是来的客人，卑是指谦卑，是席主人和行香者自谦的一种态度。

传香时，以左手拇指扣炉口、四指托炉底为敬，右手五指并拢，中指指尖托住香炉底，行颔首礼并轻声说：“请。”品香者接香炉时右手持炉身中段右侧部位，左手五指并拢托住炉底，行颔首礼并轻声说：“谢。”接过香炉后，拇指扣炉端稳香炉，右手轻轻转动香炉，使香炉的装饰、图案、文字或香炉的两只脚朝向正前方后，即可开始品香。

⑥品香礼

品香者保持端坐，便于静心凝神。品香时端正托炉，四指并拢，不翘兰花指。在香席间应保持手机静音，更不要随意拿出手机拍照或者玩手机。现在网络发达，大家都喜欢参加个什么活动就不停地拍照晒朋友圈，心根本没有投入到这个活动中来，不能投入又怎能体会香中意趣呢？从另外一个角度看，这样做对席主人来说也是非常不尊重的行为，他人精心准备的一次品香活动并没有得到来宾的参与和认可。在香席中，“至和香”修强调要对他人尊重，这也是个人修养的体现。如果说在传承传统文化的过程中，我们要传承些什么的话，那就是在这些学术技艺背后所投射出来的内在修养。

（2）仪

行香是全程止语的，仪容、仪态、肢体表现成了无声的语言，香者通过一举一动，默默传递出静默、安宁的氛围，具体应从以下几点来管理仪态。

①坐姿

端坐于香席正中，双肩平衡放松，沉肩坠肘、含胸拔背。

胸口正对香炉，保持后背挺直，气脉通畅。

不要角度过大地低头，应微微前倾上身，略微低头，切勿因为低头而驼背弓腰。

席地正规坐姿是跪坐。特殊情况下，如分享佛道家、瑜伽主题的雅集可以采用趺坐。

垂腿坐需坐于椅子的三分之一处，以免起立时腿部推动椅子而失礼。

②手姿

四指合拢：不翘兰花指，兰花指虽然婀娜但显凌乱。行香中所有的手部动作应“收而不拘”“畅而不放”。四指合拢，手掌微微弯曲，沉肩坠肘放松大小臂，自然伸缩拿放器物。

事炉扶炉：左手扶炉为敬，凡事香于炉的操作环节，均以左手打开虎口扶住香炉一侧，以示对器物的珍重。

握拳空心：无论是合拢四指的掌状还是握拳状，都需要保持掌心位置的虚空，以时时提醒心态“虚怀若谷”。闲置的另一只手，始终保持空握掌，置于席面的香炉一侧，即席上“知停顿”的位置。

③仪容

指甲不能超过 3 毫米长，不涂抹指甲油，不佩戴戒指。

头发不能挡住面部。

行香前须净手，香席雅集前须沐浴更衣。

不洒香水和其他香体用品，不吃如大蒜一类辛冲的食物。

跪坐或趺坐时不能露出足部。

衣物发饰整洁素简，衣服不应过于敞领低胸。禁止穿无袖、吊带、超短裙、短裤等服装，保持衣着的端庄素雅。着古代形制服装时应符合传统服饰礼制。

（3）规

①只取一

一次一器，择一而一。一次只拿取一件器具，让身心专注于每一件器具的拿起放下。

②每器洁

每次使用完的器具物品都要在香巾上擦拭干净再放回原位。

③回原位

哪里拿的器具物品须放回哪里，整个行香过程操作完，香席必须和最初设席时是一样的摆放。

④不越物

拿取器物时，不能跨过另外的器物去拿取，以示对器物的尊敬。

⑤知停顿

每结束一步操作，双手都要保持一次停顿，两手张开，略比肩宽，自然垂放于香炉两侧的席面上，目光注视香炉，保持一个自然呼吸后再开始下一步的动作。这是动作的停顿也是心的停顿和明晰，停下来想清楚自己下一步该做什么。（停顿时，手掌虚空微握拳，以呈现虚怀若谷之心。）

⑥回原点

在香炉到胸口的正中间位置，默认一个定位点，称之原点，这个点看不见，但位置对应心，心对应的字是“礼”，礼由心发，以此点作为行香动作的起始点，每个行香步骤动作的起点和终点都在这个原点位置。

从香瓶取出工具首先来到原点，在原点上转换握持工具的手姿后再从原点位置移动到香炉操作，操作完毕收回工具同样回到原点，再转移到香巾擦拭干净，工具擦干净后，回到原点位置转换持工具的手姿后，再移到香瓶，完成“哪里拿的东西放哪里”，同时这一环节的操作结束，下一环节更换工具操作时，再重复这一组步骤。

一次一器　不越物

一用一洁　均平等

哪里拿取　回原位

每个式间　知停顿

每此起落　回原点

心正器正　席规正

简单重复　恒持续

身动心定　性笃定

以动至静　心安住

中正平和　气脉畅

刚柔并济　无造作

气定神闲　皆放下

太极圆融　衡和谐

礼敬静善　和寂境

（“至和香修”行香十二式要领歌诀）

（4）至和行香十二式之拓燃法

①第一式　开始礼

行礼：行 15 度或 30 度的“注目颔首示意礼”。

标准：双手略比肩宽，自然垂肩。双手握空拳，平放于香炉两侧，与香炉对齐在一条水平线上。男子行礼 15 度，女子行礼 30 度。

要领：雅集时目光环视全场，注目礼后再行“开始礼”，以肢体语言表示“我要开始了”。来宾应颔首示意，香以礼教，无礼则席不能成。行礼后，目光回到香炉上，停留三个呼吸再开始第二式。

备注：非公众面前，私下的行香练习也需要第一式，行礼是为了训练谦和之心，同时也是培养慎独自律意识，是对自心安顿于席间的一个暗示。每一次认真的行香都是对心的训练。一次可以认真行香，一生的每一次可否始终保持认真的态度？这是一个不间断的训练。

知停顿：停留一个呼吸后开始第二式。

②第二式　理灰

工具：香筷。

技法：香筷以香炉正中心为起点，按顺时针方向，向外画圈梳理香灰，直至理到香炉壁的最外圈时，再顺时针方向向内画圈，一圈圈收缩，直至回到起点，起点也是终点。

标准：香灰要梳理得蓬松并均匀地分布于炉内。

要领：左手扶炉为敬，右手持香筷理灰。要均匀地画圈，切忌一直停留在某处理灰导致炉灰出现香筷搅拌的“窟窿”。

心法：理的是炉灰，理的更是心情，起点回终点，安静放此心。

回原点：香筷需在原点处调换手姿，再到香炉理灰，理灰后回到原点处调换手姿，再于香巾擦拭香筷。

每器洁：用完香筷后，及时在香巾夹层擦拭干净，方能放回原位。

知停顿：停留一个呼吸后开始第三式。

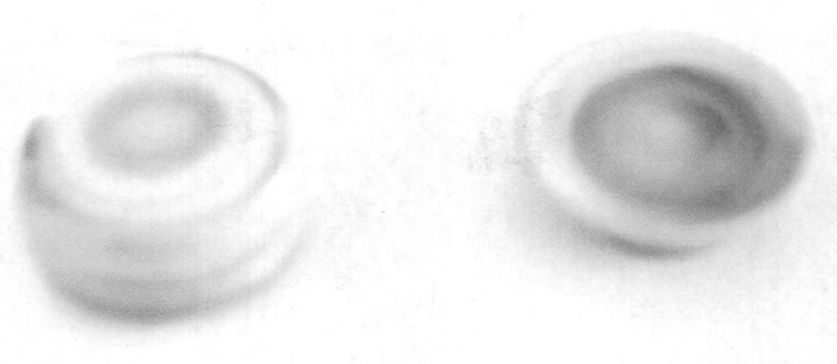

③第三式　压灰

工具：灰压。

技法：每次下压力度均匀、节奏均匀，重复这种均匀状态。压灰是内心细腻而平和的体现，也是考验耐心的环节。

标准：压到炉内香灰水平如镜、平整无痕，不可有灰压的印迹。

要领：左手扶炉为敬，右手持灰压。不可抹平，抹出来的灰表面虽平但缺乏力量的压实，密度承受不了香篆的重量，落篆时会留下篆坑而破坏香灰的平整。

备注：可以左手按顺时针方向转动香炉，边转边压。

回原点：工具不同，步骤同上。

每器洁：工具不同，步骤同上。

知停顿：停留一个呼吸后开始第四式。

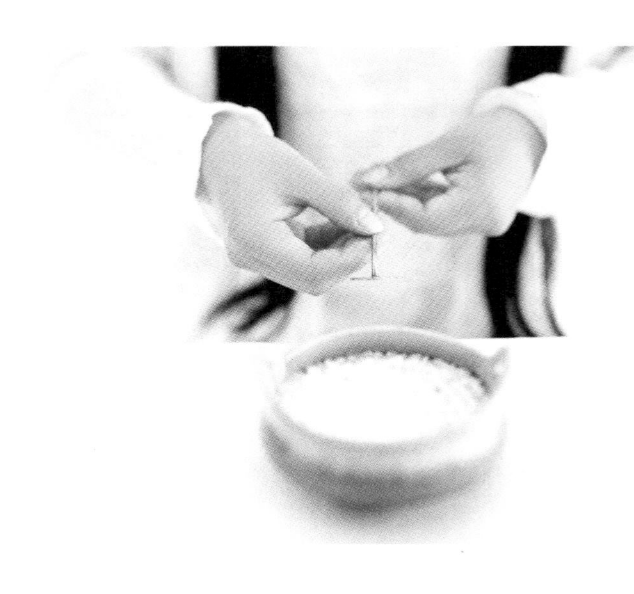

④第四式　扫尘

工具：尘扫。

技法：从香炉口的边缘正中，沿着炉口、炉壁按顺时针方向缓慢清扫粘在香炉上的香灰。先扫炉口边，再扫炉内壁。

标准：清扫香炉，使炉壁和炉口面洁净。

要领：左手扶炉为敬，右手持尘扫。动作须轻缓，忌琐碎急速。

备注：若尘扫把已经压平整的香灰扫乱，则退回上一步压灰。

回原点：工具不同，步骤同上。

每器洁：工具不同，步骤同上。

知停顿：停留一个呼吸后开始第五式。

⑤第五式　置篆

工具：香篆。

技法：将香篆轻置于香炉正中央。

标准：香篆图案要正对自己。

要领：右手以拇指、食指、中指持篆柄，短柄可不用中指。左手食指配合持稳篆柄。目测香篆居中时放下。

心法：落篆如落心，知沉淀、能笃定。

回原点：工具不同，步骤同上。

知停顿：停留一个呼吸后开始第六式。

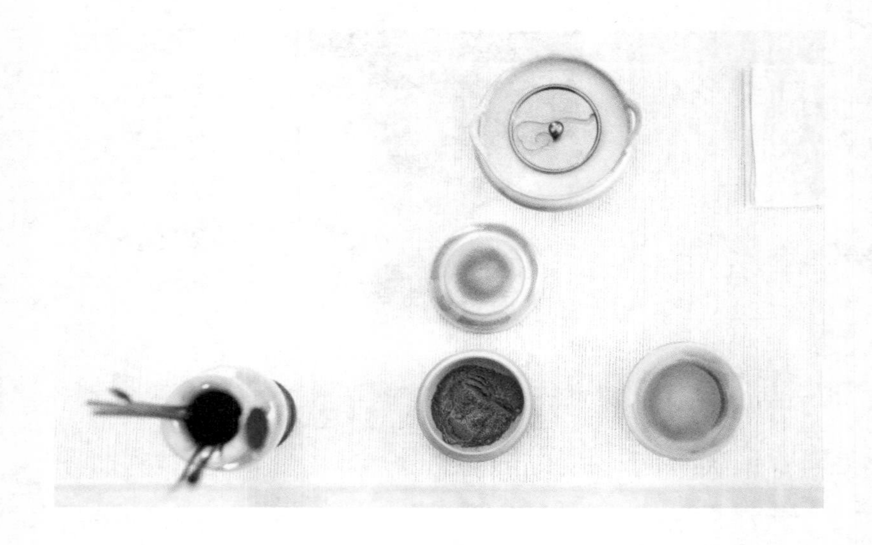

⑥第六式　填粉

工具：香勺。

技法：填香粉要“少量多次”，不求多求快。填粉时，每次舀到香勺的三分之一处。

标准：香粉刚好填满篆槽，避免遗留过量香粉在篆槽外。

要领：左手持粉罐于香炉后方，与炉身齐高，右手持香勺填粉。香粉尽量填在篆槽空隙内，不要填在篆身上，容易多出香粉。香粉刚刚把篆槽空隙填平即可。填粉太多易粘篆，反之填粉不够会散篆。边填粉边观察和感知，一个篆槽究竟需要填多少香粉。

心法：取舍香粉，知足而止。

回原点：工具不同，步骤同上。

每器洁：工具不同，步骤同上。

知停顿：停留一个呼吸后开始第七式。

⑦第七式　打篆

工具：香铲。

技法：顺着香篆图案，将香粉从篆槽外打进篆槽空隙内。

标准：确保篆槽表面的香粉平整如一，不可在起篆后出现凹凸不平、断裂、散粉。

起篆后，香粉成形要三面平整，无多余香粉余留在槽外面。

要领：左手扶炉为敬，右手持香铲。手指不可扶篆柄，保持手掌扶炉，可按顺时针方向转动香炉辅助打篆。香铲应随篆槽图案走向来打平篆槽内的香粉。

心法：不松不紧、静气恒持。

回原点：工具不同，步骤同上。

每器洁：工具不同，步骤同上。

知停顿：停留一个呼吸后开始第八式。

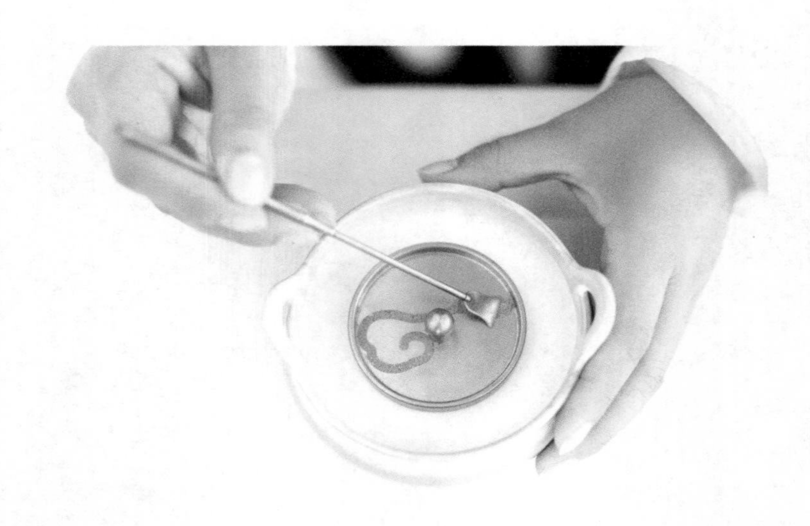

⑧第八式　起篆

工具：香篆。

技法：左手食指，右手拇指、食指持篆柄，平稳提起。

标准：起篆后篆形完整，香篆不断不散、不歪斜。

要领：应以不紧不慢之速起篆，过快过猛反而会散篆。

心法：心定则篆成，勿自纷扰。

备注：左手器具左手拿，右手器具右手拿。香篆在香席上的位置在左手方，应左手拿，在原点处再转给右手。

回原点：工具不同，步骤同上。

每器洁：工具不同，步骤同上。

知停顿：停留一个呼吸后开始第九式。

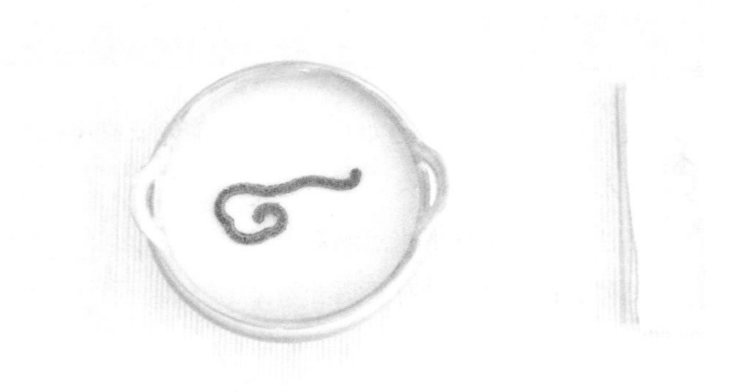

⑨第九式　谢香礼

行礼：坐姿不同、服装不同，行礼不同。垂腿坐、跪坐时行至和谢香礼，盘腿坐行合十礼，特殊的雅集穿汉服、行汉礼。

标准：行礼时注目于香炉，心中默念："感恩香物赐予。"

至和谢香礼：五指合拢，手掌虚空，四指弯曲折掌15度后，以双手中指对触，然后对触扣手腕，表示以礼相应、以心相对，双手形成一个花苞状。微微颔首轻点一次下巴，眼睛注视手掌。

要领：行礼速度不宜过快。

心法：感恩恭敬。

备注：此时来宾应还颔首礼。

知停顿：停留一个呼吸后开始第十式。

⑩第十式　燃香

工具：火柴。

技法：须由篆香的起始端（图案起笔处或收尾处）点火，右手持火柴，左手护住火焰点火。

备注：允许用线香来点燃篆香。

知停顿：停留一个呼吸后开始第十一式。

⑪第十一式　敬香礼

行礼：燃香后奉香，双手持香炉两侧，目光随香炉移动行注目礼，将香炉举齐眉头后行 15 度颔首礼。

标准：先礼敬天地亲师。

心法：敬畏传承。

备注：敬香后将香炉放回香席原位，再将香炉转动方向，使篆槽图案正面朝向宾客，便于赏篆。此时来宾应还颔首礼，同敬天地亲师。

知停顿：停留一个呼吸后开始第十二式。

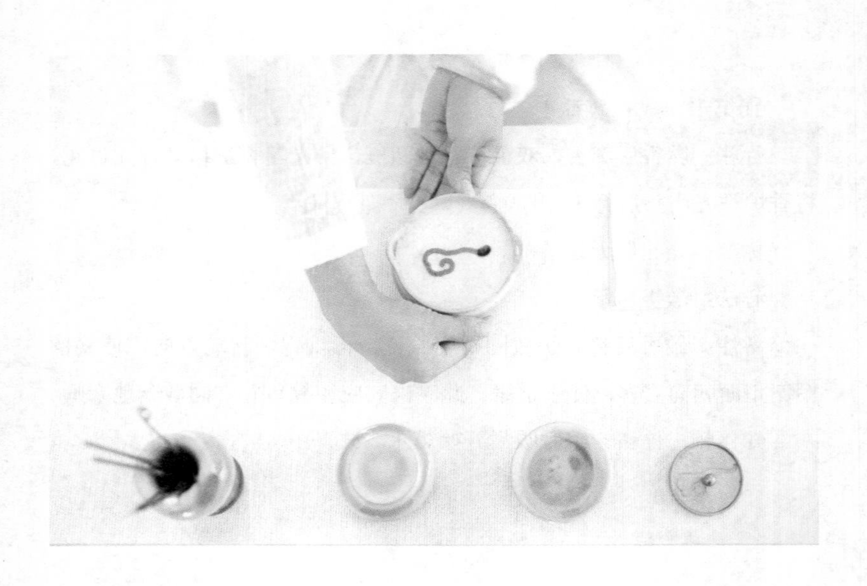

⑫第十二式　结束礼

行礼：行 15 度或 30 度的“注目颔首示意礼”。

标准：双手略比肩宽，自然垂肩。双手空握拳，平放于香炉两侧，与香炉对齐在一条水平线上。男子行礼 15 度，女子行礼 30 度。

要领：雅集时应微笑环视全场一周后再行“结束礼”，以肢体语言表示“我结束了”。来宾应还颔首礼，香以礼教，无礼席不能成。

心法：暗示自己进入状态，在肢体上能呈现出“我结束了”的肢体语言状态。

备注：非公众面前，私下的行香练习也需要第十二式，这是一个持续的训练。

“行香十二式”的重点就是“规律和节奏”，重复一致的节奏使香者集中、专注、心思不散乱。规范化的动作是为了通过对身正、行正的训练达到气正和念正的目的，是借由事香而修心的一种训练方法，达到内心状态真正的改善。

自由行香——由动至定

内心若是宁静，外在呈现出来的也是“静”。似静而动，外物不惊，以动为静。如果说行香十二式是锻炼“静功”的话，那么自由行香则是练“定功”。

自由行香，行随乐动，行随气动，又不受音乐限制，不受器具限制，不受手法姿势限制，心是清明而自由的。不被外境影响，也不被自己内心的妄念干扰，这样的行香便是心定。

自由行香在十二式的基础上，能进一步提升内心的笃定。既使用器具物品，又不被器具物品限制，既按起香流程行香，又不被流程束缚，心始终平静。

通过行香的训练，使内心习惯于安静状态，有了“静基础”再来品香，就更容易品味出香中微妙的意趣。

香是看不见、摸不着的艺术，是飘渺的美学。它需要的并不是天生的嗅觉有多灵敏，而是品香者心境的宁静专注。心越清净、安宁、平和，能感受到的香气、香韵、香境就越是丰富细腻。更重要的是，行香绝不是一个单一的技能流程练习，行香对内心状态的提升改善还能扩展至生活中，帮助我们在对待工作和生活的时候，能以客观平静状态来辨识事物，从而减少自我意识造成的主观认知或判断，由此可以改善我们的生活工作状态。

行香，是香学入门的必修课。

第八章　呼吸之间

品香：用心呼吸，香是游走在鼻端的心灵气味。

一些人拿到香的时候可能会被告知："这个产地的料有很清淡的香草味、甘甜之后有凉味，还带有龙涎香的味道，后味深沉优雅……"听的人便纳闷了："什么是龙涎香的味道？品到多少分钟后算是'后味'？"而我常常被人拿出一支和香成品问道："您给闻闻这支香里面都用了些什么香料配的？"

虽然我们一直在闻嗅气味，寻找味道的存在感，但是我们似乎从来没有思考过，究竟我们为什么需要品香？把这些稍纵即逝的气味寻找出来有何意义？品香除了寻找气味，还有什么可以品感？

我们为什么要品香？

首先，通过品香，在用香择香时，可对香品进行鉴别，识别香品的品质与真伪。

其次，通过品香，体验香事雅境，能感受香物艺术意趣，怡情悦性、心境优雅。

再次，通过品香，能培养觉知力、安静力，静后而能安，身心安详，从容有度。

然后，通过品香，能拉近身心距离，能认知内在、明晰外物本质，提升自己的觉察与觉知力。

最后，通过品香，能从对“香物”的学习认知，升华至“香道”的修悟践习。

“至和香修”通过“品香”的练习，来开启习香者对内心和生命万物的精微的觉知力，让品香的层次升华到“鉴赏”之上。

品香是否只闻气味？

人人都是天生的品香师，气味是人能长久保持记忆的载体之一。我们的鼻子能识别出来的气味超过数百种，而人的大脑实际能够记忆的气味在万种以上。当香燃起，我们很快就能直观反应“香”或者“臭”，“喜欢”或“讨厌”，进而我们能很快分辨出一些熟悉的气味，甜、酸、木头味、花香、奶香、梅子味，等等。这样对气味直观的感知能力是不需要专业学习的，我们仅凭个体大脑的气味记忆便能识别和描述出来，所以说人人都能品出香中的气味，这是与生俱来的嗅觉本领。

但是，香品的“品”和“鉴”绝不是只简单地停留于对气味的直观感受上和对气味的辨认识别上。各种香料皆是由自然天地的精华集结而成，香料除了具有气味外，其背后还有丰富的能量与信息，品香的当下正是人与自然物的一次连接，透过香气，品香者的身心会综合体验到通感带来的乐趣，能立体地感受到香气在空间、身体内和心理上存在的变化和发挥的作用。

而香为人所和制，物一旦有了人的参与，便有了“人性”的融合，香气便承载了人的思想心境。所以说“品香”品味的不单单是香物气味，更是品味一款香品深层的气质、韵味、情感，以及制香师所赋予在香物中的思想主张。通过香气，可以领略到香师的品德修为境界，也可以洞察到品香者自我的身心状态。

“三识鉴香法”正是基于这丰富的香气世界而探索总结出的一种品香法。通过这样的品香方法，把对香物的认知转化到对自心的认知，这是品香者在一支香的燃烧中能收获的最宝贵的经验，是探索自己灵魂精神的经验。

三识鉴香法

品香前有以下几点须注意。

（1）关于肢体：无论是以坐姿还是站姿进行品鉴香品，都要始终保持后背脊柱的“自然直”，腰背畅通有利于气脉通畅、思维清晰。不必刻意去挺胸收腹或勉强盘腿。

品香时正确的坐姿应该是：舒适自然、含胸拔背、腰胸放松。

（2）关于呼吸：自然地呼吸，不刻意深呼吸，不憋气。勿将关注点放在如何呼吸上，一如平时自然呼吸就好，即便是鼻子闻不见气味的时候也不要刻意去做深呼吸来捕捉香气。品闻香物的过程需要的不是嗅觉高度的灵敏，而是心境的宁静。内心越宁静的人越能够闻到丰富、细腻和客观的气味。

品香时正确的呼吸应该是：自然呼吸、不吸不憋。

（3）关于感受：品香时不要将焦点一直放在鼻子这单一的器官

上。跟随着呼吸，将感受延展至舌尖口腔，然后再把这种关联感受延伸至听觉、触觉、视觉上去。

三识鉴香法是从鼻子起步的，然后渐次地扩散开，到五官的“通感”上，最后再汇集于内心。它是一种综合的身心同步体验，是“眼、耳、鼻、舌、身、意”共同感受的过程。

品香时正确的感受应该是：嗅觉延伸、六根通感。

（4）关于操作：品鉴线香、篆香类香品时，香物距鼻子一尺左右距离，减少烟气干扰。香宜远闻，并非是距离鼻子越近就能闻到越多气味；香物燃烧一到三分钟后再品闻，以确保香气在空间发挥出一定浓度范围；可前后左右摇动香品，以使香气流动变化，利于多角度立体感受香品。

品熏的香物时，闻香炉离鼻子一拳的距离，同样可以移动香炉，令香气流动变化，多角度感受品味。

品香时正确的品鉴操作应该是：近品与远闻结合、生闻与烧熏结合、乍闻与细品结合，变换时境因缘多品闻。

1. 第一识：“闻香”五根识

闻香阶段闻什么？

闻香除了用嗅觉感知到香“气”，还可以配合味觉来感知、体会香“味”。

（1）闻香气：知味

接纳并辨识各种气味的存在及其主次浓淡程度。

燃香前先生闻香物，即未点燃香品时先闻味。未燃的香品味道与点燃后会有较大的不同，如此有利于区分化学香与天然香，亦可辅助你了解到一款香的香性。

焚燃香品后，首先整体感受这款香品的气味基调，也就是“主味”。主味是一款香品的主旋律和调性，在品闻的过程中，其特点可大致归纳为：甜香调、清香调、暖香调、冷香调，其香型也可归纳为：木香型、花香型、草本型、果香型等。对主味还可做简洁的感受描述：酸、甜、辛、辣、咸、苦。

在感受主味系调性的同时，进一步感知品闻到气味的存在和变化，如清新、暖甜、清甜、甘甜、甘酸，或辛麻、辛辣、焦苦等，以及具象的感知描述：花香、果香、木香、草香、奶香、蜜香、陈香、墨香、药香、树脂香、焦糖香，等等。

对香料熟悉的人常常习惯用香料的名字来描述所闻见的气味，“像是老山檀味”“像是薄荷味”等。注意用不确定的“像”字而不用肯定的描述是对的表达，因为香料的融合常会导致人出现味道辨识上的错觉。在一款和香中，各种香料和合后产生的气味可能会类似某种香料的气味，但是配方中不一定放了这种香料。所以不要轻易地以气味猜测一款和香品的配方用料，猜测用料的举动会成为闻香的一个干扰性念头。做一个有客观心态的品香者，减少内心的主观念头，对嗅觉感受的准确性是至关重要的。

（2）闻香气：识变

对处于闻香阶段的学习者来说，只是识别出香的气味种类是不够的，还要体会到气味的变化：来去、浓淡、聚散。品香者的觉察、觉知能力也正是在这样的变化体验中得到了训练与提升。

“三识鉴香法”并不是指将一支香或一炉香分为前、中、后三段来品闻。就每一款香品而言，香气是在一个主味系的调性中不断发生变化的。气味在时间的移动中变化着浓淡、轻重、聚合。

“三识鉴香法”强调“听香自然有无中”。品香要像感受音乐一样在一个主旋律中去体会单个音符的存在与变化。香气的细微变化极其丰富，需要品香者感受每一个瞬间香气的去留。香气在空间中不停地流动变化，有的香料先出香，有的后出香，这就有了气味的快慢；有的香气挥发性强，所以轻薄上扬，有的则厚重下沉，这就有了升降的变化；有的香气在空间里，凝滞不易散开，有的则快速消失，这就有了缓急和厚薄浓淡的变化。

在一款香的整体调性之下，各种气味有轻重、强弱、浓淡、先后、来回等变化，气味就有了韵律感和节奏感。从香燃起的那一刻起直到熄灭，变化都会持续发生。

对于描述气味，有参考如下。

主味系描述参考：甜香调、清香调、暖香调、冷香调，木香型、花香型、草本型、果香型。

各气味描述参考：酸、苦、甘、辛、咸、麻、甜、辣、冲、呛，凉香、清香、清新味、浑浊味、浓香、淡香果香、花香、木香、草香、奶香、蜜香、陈香、墨香、药香、树脂香、焦糖香，像沉香味、像檀香味。还可用自己熟悉的感受来表达，比如像泥土味、像阳光味。

气味变化描述参考：这是一款木香为主调的香品，香气在以甜香为主的气味下变化。开始闻到微酸，接着是快速铺开的浓郁的甜香和较微弱的一丝苦，然后是奶香、蜜香交叠回旋着变化，轻薄的花香转而被一阵清香、草木香有力覆盖，断断续续地表现出一点点辛辣。（这是课堂上学生在学习闻香时的一个例句，可以类似的句式作为参考，去描述所感受到的香气变化。）

接受各种气味的存在，接受燃烧的烟火味、炭火味、香灰味的存在。香与臭都全然敞开地感受，当不喜欢的气味出现时，不要排斥抵触，喜欢的气味出现时，不要贪恋。

学会在不完美的世界中，感知世界的美好。不猜测想象气味，不刻意捕捉气味，不贪求更多气味。学会感受简单，而不执着于结果，这对初学者来说是必修的基础功课。

2. 第二识："品香"知意识

品香阶段品什么？

品香，除了用鼻、舌感受外，还需要全面调动起眼、耳、身、意，一起感受香品。

在品香中觉察到自我意识的变化、觉察到香品的意象、觉察到香师的思想情感。对香品的感知越是深入细腻，香气背后的世界越是丰富。

第二识品香，从品香韵和品香境两个层面展开体验。

（1）品香韵

当各种香料组方和合在一起的时候，就犹如一个交响乐团演奏着美妙而丰富的乐章，音律既统一又各自不同，或浓郁厚重或清新飘渺，时而浅唱低吟，时而深沉遥远，时而雄壮高大。所以，不需要将一款香分为前调、中调、后调去品闻，只需要像欣赏音乐一样，让香气在鼻端自然流淌，在空间自由萦绕，心无旁骛，就可在整体的香气氛围中体会到香气和香韵的变化。

香韵可以从三个方面去品感体会。

①在空间中品觉香韵

由于各种香料的特性不同，燃烧后有的香料气息厚重，有的轻盈，飘散到空间后，随着空气的流动产生变化，形成音律一样的旋律感和空间层次变化感。

比如沉香的香气线条是丝缕状、片状变化的，香气静缓而富含力量，宽广长远而持续停留；老山檀的香气在空间的表现则是团状、片状、柱状的，包裹感和停留感很强，同样充满力量，显得空间高而大，但距离感没有沉香那么远；麝香的香气线条是直线型放射状或柱状，出香迅速，令空间充满张力、动感，空间感大，有远有近；玫瑰则是飘渺轻扬的，薄片状、丝状出香，像一片粉色飞扬的纱幔在风中温柔翻转，但是不易驻留，香气不远也不高，空间场感很小、很轻、很近。

不同的香料有着不同的植物属性和生长环境，使得香气散发出来的时候，让人会同时有温、凉、热、寒的感受，这些感觉综合起来后会令人感受到气味的冷暖，或者是令人联想到某些具体的色彩。

当不同的香和合成一款成品香后，便会在空间中产生不同的韵律：快、慢、宽、窄、高、低、厚、薄、轻、重、远、近、包围、分散，等等。还有香气形状的变化：丝状、缕状、片状、团状、柱状、放射状，等等。

②在情绪中品觉香韵

香料最大的特点就是能够给人心理和情绪的引导。据说，人的情绪有 75% 是由嗅觉而产生。通过运用香气的情绪影响能力，香师对用香者的各种负面情绪进行正面导引，使香品可以发挥具有指向性的静心作用。

不同的香料具有不同的心理情绪影响作用：薰衣草能给人信任感；薄荷可以让倦怠的情绪变得振作；安息香让心灵变得包容，让人有安全感；沉香的香气能在空间里营造冷静安稳、缓和宁静的氛围；

老山檀则带领我们进入温暖、被亲近、慈悲的空间；麝香给人带来抚慰感和欢悦感；玫瑰的气息是令人快乐的，可以消除紧张和嫉妒、抚慰哀伤和减退愤怒。

在和香中，我们也能感受到不同的香料带来的出香速度和香气流动的律动变化，这种律动会让人感受到舒缓、悠扬、浑厚、铿锵、婉转、清脆、欢快、凝重、轻松，等等。正是因为有这些丰富的感受，才能构成香的内在气质和韵味。

香师通过掌握并了解单料香性即可令整款香具有非常丰富的情绪表达，而对于品香者来说，要分明地体验香韵的情绪则比较复杂，因为香韵呈现出的情绪可能是香师自己的情绪和心理状态。当香师的心香境界也成为了香韵的一部分，那么品香就不太容易了。

③在身体中品觉香韵

香燃着之后，气味经呼吸进入肺部，或经由皮肤进入我们的身体，故品香者会有香气走窜身体脏器经络的感受。品香者一般能体会到香气令身体出汗、毛孔张开、眼珠凉爽等感觉，或是感受到香气带给身体的通透、混沌、温暖、清凉、清醒、困倦、舒展、收缩、开窍、凝滞等感受，同时也能感受到一款香的热、温、平、凉、寒。

对于描述香韵，有参考如下。

香韵的空间描述：丝状、缕状、片状、团状、柱状、放射状等，宽、窄、高、低、厚、薄、轻、重、远、近、包围、分散、快、慢、停留等，暖色调、冷色调，各种色彩的视觉感受。

香韵的心理描述：安全、信任、依靠、冷静、安稳、亲和、快乐、低落、压制、热烈、凝重、轻松、心酸、哀伤、幸福、宁静、躁动、舒缓、悠扬、浑厚、铿锵、婉转、呢喃、清脆、冷清、喧闹、飘逸、庄严、喜、怒、哀、乐。

香韵的身体描述：热、温、平、凉、寒；通透、淤堵、温暖、清凉、清醒、困倦、舒展、收缩、开窍、凝滞等；行气、出汗、毛孔张开、眼珠凉爽、生津等；所达到的经络、五脏。

如何综合描述气韵：这款香温、平，整体宽广高大、由近及远，丝缕状变化片状，轻盈透薄。舒展、热，后背微微出汗，生津。给人一种安全感、呵护感和放松飘逸的愉悦感。（这是课堂上学生在学习品香时的一个例句，可以类似的句式作为参考，去描述所感受到的气韵变化。）

（2）品香境

香境分三个层面来品闻：品意象、品意境、品哲思。

香境是由香的香味、香韵、意象和情感、思想综合构成的一种体验。品香者能在香气的氛围中体验到心中产生的意象画面或情感、思想、观点的共鸣。

①品香境之意象

意象是各种单料香材本身的自然属性，能引发人的五感产生感受，在脑海中形成画面或场景。

香料的气味能给人以画面或情绪联想，比如，天木、香樟、柏木的气味会让人联想到森林、高山、深绿色、深褐色，它们有着大提琴、古琴的舒缓沉稳，也有着战鼓的磅礴激昂。香气的特质不同，联想到的意象也会不同。

不过，对于同样具备木质、松香气味的天木和柏木来说，天木刚劲有力，所呈现的像正午阳光下生机勃勃的森林，而柏木气味悠长清缓，呈现的更像夜幕夕阳中静谧的森林。

香气还可让人产生拟人化的性格联想。天木香韵硬朗刚烈，像年轻力壮的男子，给人安全感；香樟清晰典雅，暗藏坚韧，像个绅士，风度翩翩；柏木则厚韵低沉、内敛稳重，像个暮年老者，充满了岁月的智慧；玫瑰的味道甜美、妙曼而温柔，容易让人联想到明快的粉色、红色，也会让人想起甜美的糖果和游乐园的缤纷欢乐，或又像置身于春天的花园，遇见了微笑着的羞涩的少女；闻到薄荷的清新时，我们很容易联想到河边的青草和溪流，这种气味展现了绿色的生命力。

②品香境之意境（多用于文人香）

意境是香师在组方立意时，以香料为介质，赋予在香中的思想和情感表现，借助“香气语言”，香师写景、状物、抒情、表意，完成了香品的艺术意境创作。犹如诗人写诗，画家作画一样，香师以香料为笔墨，创作出了一款款具有思想情感和意境的和香香品，这正是文人香与其他类别香品的不同所在。一款香也因此能令人从中获得意味无穷的领悟。

在意境的体验中，品香者能领会到，香气不只具有实用功效，而是上升成为嗅觉艺术，具有了人文艺术气质、美学价值和哲学性。

③香境之哲思（多用于文人香）

如果说香境的意境是香师综合修养的呈现，那么香境的哲思则是香师修为境界的呈现。

文人香并不只是为了表达香师个人的思想情感，香气作为一门艺术，其深层价值在于传统的人文精神。一款优秀的文人香，除了香气怡人、意境怡情外，更应该对品香者有思想方面的启迪和正能量的传递。对于品香者而言，品味香境里的哲思内涵，是从对香气艺术美的欣赏到人文精神高度的升华。

这里值得注意的是，香境包含了香师的思想情感，但不一定是有积极意义的，意境里所体现的香师的主观精神具有多样性，积极情感和消极情感都有可能在香境中呈现。

在香境哲思中体现的人文精神，源自于一个国家和民族的文化思想。中国传统文化里融入了儒、释、道三家思想，形成了诸如宽厚博爱、万物一体的人伦精神和生命意识。

文人类香的香气中体现的尚德、仁爱、中正、信义、谦和、修性等品质，构成了这一款香品的境界。

品香者正是通过对文人香的鉴赏，从而在美育的熏陶中得到了启悟和触动，这也正是我们熏燃一支香的意义——气味不可驻留，香燃为烬，香物缥缈之后能驻留于人间的，一定是那些精神思想上的体悟。

总之，香境并不像香味和香韵那样可以通过一些具体的词汇来进行表述，香境的体验也因品香者个人的文化素养、艺术修养存在差异而有所不同。

一款表达到位的文人香，香师在香气中所构建的意境可以让大部分人都能品味出来，但是具体的意象感受，却因人而异地存在着一些差异。比如说香师想表达淡泊的意境，便在香气中勾勒了一些山林的意象场景，不同的品香者因个人的艺术修养和感知能力不同，记忆中储存的画面、场景的元素不同，所以解读的山林景象都会不同，但是总体上的意境感受和心理情绪上的体验是类似的，而将这些感受描述出来的时候，也会因为品香者个人语言表达能力的不同而呈现出不同的品香感受。

在品香境的阶段，品香者所能感受到的，已经不再是香料与香料的气味之和，而是香气艺术带来的大和之美。香中有乐、香中有画、香中有诗、香中有景、香中有情。品香者也可以将这些香中的意趣结合其他艺术一起品味，比如将香的韵律与音乐一起欣赏，将香的视觉空间美与舞蹈一起欣赏，将香的香气香性与茶味茶性一起欣赏，将香境作品表达的思想情绪与品香者当下的心情状态一起品味。此阶段的感受，是品香，亦是品大千世界。和香的“和”，由此得以升华呈现。

④品香境须知

a. 是不是四大类香品，都有“意象”可品？

天然芳香物具有引发人产生意象和场景的联想的属性，所以无论品闻哪一类别的香品，品香者都会有关于“意象”的感受。

b. 是不是四大类香品，都有“意境”可品？

简单地说，只要香师赋予了香品意境层面的内涵，无论是宗教香还是文人香，都可以表现出意境。

但是，从品鉴香品和使用香品的角度看，并不是所有的香品都必须让人品闻到意境。对于宗教类、养生类、生活类香品，如果品闻其意境反而会干扰我们选购香品。即便是宗教类香品里有意境的表现，品香者也应该保持平常心，不执着于追逐意境，对意境层面不做品味。

相对来说，文人香具有雅玩鉴赏、增加空间氛围、寄托香师艺术创作的作用，因此需要品香者深入到香品的意境层面去品评鉴赏，去体味香师在作品中所要表达的思想。所以在“三识鉴香法”中，通常情况下，只对文人类香做意境层面的品鉴。

c. 是不是所有的文人香都有“哲思”可品？

在香气作品中表达哲思有一定的难度，对香师的和香技艺与综合修养都有较高的要求，而且香师的修为需要达到一定的境界，所以，不是所有的文人香都能在哲思层面有所体现。

退一步来说，也不是所有的文人香都能将意境表达到位。香气无声、无形、无色、不驻留，要在一个缥缈不定的物质里赋予人的思想情感、描绘勾勒风景画面，这并不是一件容易的事情，对香师的表达能力和专业水平的要求是比较高的。相应地，这对品香者而言也是一种考验，香师所赋予香的意境和哲思，可能品香的人并不能品味出来。

3. 第三识：“觉香”修净识

觉香阶段“觉”什么？

所谓觉香，是通过品香行为使内心沉静，进而思考领悟到事物的本质，获得对事物的新的见解，最后达到提升自己内在的目的。

品香者在品香时，所关注的重点通常都在香物层面。其实我们不单是品香的时候关注外物，在生活日常中，我们也常在外物上寄托感情和寻求结果，于是内心便容易迷失在利欲功名之类的外物中。过于主观的思考使我们难以认识外物的本质和真相，可能会影响我们做出错误的行为或产生负面情绪，负面情绪又在身体囤积成负能量。工作、家庭、身体、人际关系总是不如意，自己内心越来越混乱和脆弱，人生的烦恼有增无减。这个时候，我们就需要通过一定程度的静修，思考事物的本质，从而获得内心的平静。“三识鉴香法”的品香到了“觉”这个层面，就需要我们尽量用沉静的思考来感悟人生、获得智慧。

在品香中觉知

在觉知中品香

觉知香气香性

觉知大千万物

觉知内在自心

觉香 觉一切

觉知 觉醒 觉悟

4. 小结：“三识鉴香法”运用要领

（1）第一识“闻香”要领：接纳

闻香需要放松心境去感受，不被动地跟随香气也不主观地附和香气，只是宁静地以平常心去感受。心静如镜，香自纷呈。这个“心静”的诀窍就是“接纳”。

心越“接纳”，能闻见的气味就越丰富。接受一支香中各种气味的存在，接受燃烧的烟火味、接纳炭火味、香灰味的存在。不论香与臭，都敞开心扉全然感受，不喜欢的气味出现时，不要排斥抵触，喜欢的气味出现时，不要贪恋。在难闻的味道中观察到自己的“对峙心”，学会在不完美的世界中，感知世界的美好。在闻不到丰富的气味时，要觉察到内心的担忧和幻想，不猜测、想象气味，不刻意捕捉气味，不贪求更多气味。接纳气味、感受简单，不执着于闻香的结果，不执着于与他人闻见的味道一样，就是放松心境。品香如品味人生，在闻香中学习接纳世事百态，闻的虽是香气，却培养了品香者宽广的胸襟。

（2）第二识“品香”要领：安住

品香中，一切精微的觉知都是因安住而获得。安住在每个品香的当下，思绪不被香气困扰，不被品香时不同的环境影响。安住在自然的呼吸之间、安住在香气与身体的自我对话时，心与身体的距离就会更近；安住于品味香气的形状、色彩、质感时，就会闻到香韵；安住在香境的意象之中，香师的情感、思想可被洞见、解读出来。安住在品香的每个当下，便得香中真味。

这样的练习令心习惯了安住，人也能学会在任何环境中都制心一处，这样便能以习惯安住的心，安住在生病中，安住在人生的逆境中。

无论在什么样的当下，都能以平静的心去度过，这就是由品香训练出来的人生经验。

（3）第三识“觉香”要领：觉知

觉知，是品香的关键，是对香中的种种呈现更精微的觉察，是借由嗅觉对心灵更近距离的觉察。

觉知是身心的同步，并非只由嗅觉来完成。在香气的变化中，要既能欣赏香，又能经由嗅觉的感受体会到内心的感受，觉察到自己的念头情绪，继而在品香中练习觉知身体和情绪的变化、感受，从而培养出一种对情绪和思想的自我观察能力。这种觉知力会从香延伸至对生活、生命中诸事诸物的觉知中去，令我们开始以全面客观的角度观察世界，对世事、他人与我的关系重新认知，提升我们的精神品质。

在品香中觉知，在觉知中品香。在品香的学习与练习中，学会觉知自心，学会自观自省。觉香是自己对自己的一种全面认知经验，也是对外在事物的全面认知经验。

品香中获得的经验和养成的习惯，也要延伸到日常生活中。因为任何理论上的认知，都必须经由实践，才能获得更好的锻炼和进步。香修不只是一种学习或仪式，也不是只有美学体验的作用，而是一种生活习惯，是一段无处不在的人生历程。

三识鉴香法品香签示例

至和香修　文人香　品鉴香签

（品香日常练习笔记格式）

<table>
<tr><td>时</td><td colspan="2">2016 年 7 月 19 日 夜晚</td></tr>
<tr><td>境</td><td colspan="2">昆明香室</td></tr>
<tr><td>因缘</td><td colspan="2">独自一人，闲来无事，煮水品香自娱</td></tr>
<tr><td>香名</td><td colspan="2">“鸣树”</td></tr>
<tr><td>第一识
闻香</td><td>香气</td><td>（主）木香、甘、陈香
（次）清香、土辛、花香、草本香、甜
（弱）粉香
（微）树脂香、酸
整体呈厚重下沉的木香张开，变化为轻扬的草本和花香，清香、甘为主调，甜味带出粉香，不经意间的土辛和陈香会凝重地飘过，转而又回归至轻薄的回甘和清香，非常细微的树脂香和一丝丝的酸则稍纵即逝。</td></tr>
<tr><td rowspan="4">第二识
品香</td><td>香韵</td><td>（空间）远、宽、高；下沉、上扬，片状、柱状
（情绪）支撑感、素朴、力量感、寂静、坚韧、收敛
鸣树香韵轻扬，发片状或柱状停留于空间，使香气有了支撑感，既有上扬的轻快又有下沉的力量，坚韧里藏着凝重的担当，留下素朴而寂静的余韵。</td></tr>
<tr><td rowspan="3">香境</td><td>（意象）仰望旷野里的一棵参天大树，枝干苍劲，扎根深土，枝叶在风中摇动，显出生机，根须在泥土中伸展，显出承载的力量。</td></tr>
<tr><td>（意境）苍穹下的生命，经历百年，仍坚韧不拔，而又孤独地立于世间，坚强而淡然。</td></tr>
<tr><td>（哲思）大音希声，大象无形。深埋于泥土里的大树根系，盘踞于大地百尺深处却不显现其形。人于自然之中，应效习树根精神。无声胜有声，枝头所以茂盛，皆因扎根深处。</td></tr>
</table>

第三识 觉香	偶有几次分神和几分排斥，但很快便释放了杂念，静心领悟寂静的美与气度。
立意	大音希声
品题	看那一树枝桠 不管怎样的风雨 只静静待着，各自沉默 我能看见它最好的未来 是春天里的一尺抽条 树的誓言埋在泥土里 那些最深沉的声音穿透大地 却从来没有人听见过 它说愉快接纳风霜雪雨 就可以在阳光下生长出幸福的高度 不管怎样的岁月 幸好我们抬头时 总能看到一树歌声

解析：

一株不到半米高的野茶花的根系盘踞于地下数米，默默无言地奉献，让无尽的光彩与生机在枝头显现。由此，我得到启发，组方的立意以“大音希声”为主题思想，描摹了参天大树经历风雨，寂静且淡定地屹立于旷野之上，体现出一种高大谦逊的生命态度。

“鸣树”以沉香、柏木、天木构建高大、宽阔的空间感以及树木苍劲有力的意象画面。沉香能令整款香的韵味凝聚在深沉的氛围之中；香樟能让沉重的氛围得以缓和，增加律动变化；甲香的加入，令香气中多了一股泥土味，不见得是讨人喜欢的味道，但是却足够表达地下黑暗和潮湿的凝重感，以衬托那枝头的摇曳生机；乳香的加入能令心绪归于平稳和寂静，和甲香配合，能令思绪进入那深埋土地里的庞大根系，再结合白芷的木质香气，令整体香气在沉稳厚重中多出了几丝清新的韵律变化，并再次与甲香形成对比，从而投射出“大音希声”的主题立意。当然，此香还不止这几味香料，限于篇幅，只做简单分享。

闻香、品香会受到什么干扰？误区是什么？

气味的感受属于个体化体验，每个人的嗅觉感受器都有不同，这就决定了不同的鼻子闻到的气味必然存在差异。

除此之外，还有许多原因导致了差异的存在，主要有以下的原因。

1. 记忆、生活经历、文化修养影响品闻感受

（1）记忆影响感受

气味是一种记忆，我们无法闻见大脑记忆里没有储存的气味，否则，我们可能会感到排斥，或是难以表达出自己的感受。

人对气味是需要多次闻嗅才会有记忆的，然而，大部分人对陌生的气味是排斥的，常常因为没闻过而断定为“难闻”。其实，许多气味都是靠人反复闻嗅、渐渐习惯而在人脑产生记忆，味道有了记忆后，人们就更容易从心理上接受和喜欢它，所以，没有闻过的气味并不代表它不存在，因为记忆不同，人们对香气的感受也就自然有了差异。

（2）生活经历影响感受

人生活的地域环境和人生经历的不同，影响了人对气味的喜恶程度。举个例子，假如有孩子常在开满月季花的环境里被家长打骂，那

么这个孩子直至成年，可能对月季花味系——包括玫瑰的气味——的联想都是不愉快的。人一旦闻到不喜欢的味道就会自动关闭嗅觉感受，这种气味就会成为心理干扰，令自己无法客观地品闻香品中的其他气味。在被不喜欢的气味干扰时，其他人却闻到了此香品中变化出的许多种有趣的气味。

有一种香料叫荜澄茄，对云南人来说，它有一种很香的味道，利于开胃消食，烹饪时会使用。而对于北方人、江南人来说，它则有种很不好闻的怪味、臭味。不同的生活的经历与地域环境，使人对气味有了喜恶的区分。

（3）文化综合修养影响感受

香气、香韵和香境的感受过程是一种感性思维的体验与表达过程。偏向感性思维的人所感知到的气味和香韵，相对于理性思维的人要更丰富。品香者个体的文化程度和艺术修养程度不同，对香味、香韵、香境的感受和解读也会有很大的差异，尤其是对香境层面的感受，受到人们文化艺术修养程度的影响更大一些。

2. 体质、情绪、年龄影响了品闻感受

（1）不同的体质对气味的喜好和香韵的感受不同

胃寒的人会对丁香味、老山檀味比较敏感；脾不好的人则喜欢闻甜味、蜜味；阳虚的人喜欢温热型香料，反之则喜好清凉型香料。

（2）情绪影响对气味的喜好和对香韵、香气的感受

忧郁多虑的人对肉桂、玫瑰、柏木的味道敏感，也喜欢这些味道；心理压力大的人，喜欢轻盈飘扬的气味和花香型的味道；缺乏安全感的人则喜欢有力量的木质根块类的厚重高大型气味，另外暖香型和有

怀旧感的气味也是这类人的喜好。人在心情烦躁时多喜欢草本类气味和清凉型、轻薄型香气，在心情喜悦时则容易喜欢浓烈甜蜜的气味。

内心散乱的人和情绪宁静的人对香气、香韵、香境的感受会有着天壤之别。宁静的心态下，品香的感受更为客观，烦乱的心态下品香，则会折射出自己的心理状态，所感受到的也就会发生偏离。

（3）年龄不同对香的感受不同

年龄大的人容易喜欢安稳、简单型的气味，年龄小的人多喜欢清新、甜蜜类型的气味。年龄大的人对许多气味都不敏感，因此难以确切地感受香韵和香境的内容。年龄小的人则囿于经验，难以用语言表达出自己在香品中感受到的内容。品香是一个从“感知”到“表达”的过程，年龄不同的人，感受到的和表达能力可能会有较大差异。

3. 窖藏时间影响品闻感受

随着香品窖藏时间的推移，同样配方制作出来的香品，气韵都会发生变化。窖藏三个月与窖藏半年、一年、三年的香品味道都有差异，而窖藏八九年以后的香品，气味变化则更大。窖藏是时间赋予香品的礼物。有意思的是，尽管时间推移，香境的表现却在这些变化中显得相对稳定，这正是品香的奇妙之处。这种有趣的变化有一些像音乐的表达，同样主题的曲子可以改编为快板、慢板、柔板，乐曲的主题虽然没有改变，但是节奏旋律的表现可以有一些不同。香品的窖藏变化，正是一种在主题香境下发生的、气韵上的节奏旋律的变化。

4. 闻香时、境、人影响品闻感受

（1）时间变化影响

同样的人闻同样的香，在不同时间中感受到的香味、香韵是有差异的。有的气味早晚要浓一些，正午则要淡一些。有的香气晚上比早上浓度高，比如沉香。早上花草类香的出香浓度比下午浓，木质类香料在早上的出香速度比较慢。所以同一个人在闻同一款香的时候，不同时间带来的香气感受有差异。

（2）环境的影响

地域不同、季节不同、空气的湿度和温度不同，都会导致各种香料出香的程度和速度的变化。同样的香品在不同的气温和湿度下，人品闻到的香味、香韵是有差异的。下雨天燃香，烟火味浓。在南方，品香时让人感到温润的香，在北方可能会让人感到焦燥。夏天闻香，气韵味丰富，冬天闻，则会相对减少一些气味、韵味的变化。

（3）与不同的人品香，感受不同

与不同的人一起品香，也会影响到品香当下的心态，从而使人的嗅觉、身体、心理感受有差异。与比我们懂香的人一起品香，我们会有压力，感到紧张，可能会刻意捕捉香气。而与完全未接触过香的人一起品香，我们则容易自矜，这或许能够让人更自然地闻嗅，但也可能会让人升起优越感，而影响品香感受。

在闻香、品香中的各种杂念，都会影响我们的嗅觉和身心感知，所以要让自己的心态时时宁静，才能客观地解读香物，才能淡然地品悟香物的味、韵、境变化。

人们对品闻香的常见误区如下。

（1）认为每个人闻见同一支香的气味、香韵、意象必须是一样的。

（2）认为香境的体验必须是具体的意象画面。

（3）认为窖藏后，香的气味、香韵的变化必然会改变香境的表现。

第九章　香臭之间

香气审美：五味和合，变化成美。

提出“当代香气审美”这个概念，是因为当代的“用香者”与“制香者”之间缺少香气品赏的共鸣体验。对于大部分用香者来说，他们并没有真正地深入鉴赏和使用和香品，大部分时候他们只是跟着兜售香品的卖家，被其一面之词诱导，便以为自己购买到了最优秀的香品，他们在花钱购买的时候并没有学会如何欣赏一款香，也并不清楚这一款香是否真的适合自己。

对于当代的制香者来说，需要树立制香师个人的“香气审美”观念，形成独特的组方理念，制作更多、更好的适合当代人的香品。古代香方虽然凝聚了先人们的智慧，但是品香、用香的观念和审美在发生变化，于当下的用香群体而言，一味地只模仿古方，对香师的用香水平并不会有太大提升。当下的时代里，我们的香气应该如何传承并传播更广，这是个值得深思的问题。

“香气审美”并不是一个新概念，解读古代用香史，便可感受到古人的香气审美观点，以及不同时期的文化背景下审美的差异化。宋代香方重花香，大抵受其时代审美的影响，风格上多偏向柔美典雅，这时期也有一些朴素用香的观念。这种审美很大程度上影响了后世一些香师的观点。相对宋代而言，唐代人用香则显得奢华绚丽、浓郁张弛，用香时多用名贵香材。唐香重感官上的愉悦，而汉代用香重保健养身，这就形成了截然不同的香气审美。汉代以后中国用香受到外域影响，香气审美发生了较大的变化，之后的每个历史时期，用香观念、审美风格都有了明显的差异。

香气审美，复制还是创新？

香文化行至当代已是历经风霜，它几近消失又重新复苏。在我们这个时代，香料的品种资源比任何一个历史时期都要丰富得多，制作香品的工艺技术和机械设备也比任何一个历史时期先进发达，若当代香师只停留在某种组方观念上的话，香文化的发展恐将走入狭巷。在传承学习香史资料的基础上，当代的香师应该如何去定位各自的香气审美角度、树立制香观点？于当代的用香者、制香者而言，中国式香气背后的精神和审美该是什么？

模仿、复原古方，看似是在保护、传承“传统文化”，但由于土壤、气候、动植物生长发生变化，当代获得香料的品质、气味与古代香料已存在必然差异。再加上古代部分香料的名字在记录上存在误差，与今天的香料对照，可能有同名不同物的情况。大多数古方炮制工艺的细节缺少详尽的数据记录，所以当代人仅凭配方记录的几段文字是难以复原出古代香方的真实气味与韵味的。那么复制古方的意义，到底是在“气味还原”，还是在“效法古香精神”上，这值得深思。

和香，是当下之人适应当下的情境而“和合”的香物，谓之“和香”。和之香料、和之用途、和之气味、和之意韵、和之功效、和之心境、和之身体、和之环境、和之琴棋书画、和之诗酒花茶，“和香者，和天地万物之与人也”。每一款香的和合制作绝不可局限在小小的气味功效的调和上，这个“和香”的“和”字是一个广义的“和”。“和”是技艺知识也是人文精神，是生命观与价值观。而用香，自然也应在适合于“人”本身的时、境、因缘之下来用。例如，今人身体情况已经因为饮食起居变化而与古人大不相同，古代香方未必再合适于今人的身心状态。因此，适合“当下”的香气，便是最美好的香气。

香气审美初探

1. 香气审美的组成

香气审美的两个角度是“和香师审美角度”和“用香者审美角度”；两个层面是“器用层面”和“道悟层面”。

如何理解这两个角度和两个层面，从一段古语说起。古人言：“和香者，和其性也；品香，品其自性也。自性立则命安，性命和则慧生，智慧生则九衢尘里任逍遥。”品香者应能品百家之香，博闻广见。同时和香师应“和其性”，以香师内在修养提升香品境界。不设香气审美的统一标准，香师应该在“百花齐放、百家争鸣”的氛围下和香。

之所以强调“和香者，和其性也”，是因为具有独立风格的审美，是香师修养、组方灵感和炮制窖藏技艺的体现。

和香并非只是简单的香料拼凑，每一款香的气味、思想、情感，经由香品传达，都是香师的心性表现，而这种表现应该体现出香师的人生观、价值观、品德修养、香学立场、艺术修养等。有生命格局、有灵魂的香品才具有人文价值和艺术气质，才算展现出了传统的香文化内涵。

2. 不同传统美学思想影响下的香气美

（1）儒家美学对香气审美的影响

受孔子以“仁”为核心的思想体系影响，儒家美学的伦理色彩比较浓厚，强调美与善的统一。仁学之下的美学主张使得文学艺术作品、建筑、城市等都一定程度地呈现出规矩工整、主次分明、次序井然的特点。

那么儒家美学影响下的香气审美，多少也不应偏离美、善统一的要求。严谨工整、中庸调和、次第规矩都应该在一款香气作品中有所体现。比如某款香的气味、韵味上较平和协调，但同时又强调主次明晰，甚至一些香师会强调将品香的气息分出“前中后”三段来品闻。

在香品组方方面，传统的“君臣佐使组方法”是这一审美影响下最典型的组方思想，此法无论从计量、作用还是气味的和合上，都有“下级香料”不能超过“上级香料”的规矩，表现出了很典型的次序尊卑。不过这是属于香气“器用”层面的审美。若升华至香气作品的“精神”

层面，推崇儒家美学的香师会通过香气作品来表现其“修身、齐家”的自律与责任，或是展露其“先天下之忧而忧，后天下之乐而乐”“穷则独善其身，达则兼济天下”的担当精神。

（2）道家美学对香气审美的影响

道家美学受老庄以“道”为核心的思想影响，崇尚“自然之道”“有无相生”“虚实结合”。认为人应当与天地并生，与万物为一，与造化同流。道家美学强调以“真”为美，以“简”为美，以“不争”为美。

我们能看到道家美学思想所影响的大量作品，如李白是典型的道家审美影响下的文人。李白有“飞流直下三千尺”的不拘一格，挥洒自如，又有“霓为衣兮风为马，云之君兮纷纷而下来”的仙奇飘逸。

道家美学影响下的香气审美在“道法自然”的理念下表现出其特点：香气素朴，韵律自然跌宕，气息真实，五味流露。没有过度造作的气味调配，而重视身心与香物、万物的调和。

若说儒家美学影响下的香炮制工艺更重视方法论，强调技法的“法”与“序”的话，受道家美学影响下的香师则会多关注植物本身所具备的能量，其认为繁复的工艺会令香气失去天地灵气。

从香方的组方方法来看，“气味叠加法”或一些香师自有的特殊组方法，无论在气味上或是意境上的表现能力都要比“君臣佐使法”更自由，尤其在“香品意境”的表现上，道家美学带来的生动、丰富、诗意是严谨的“君臣佐使法”所没有的。

道家美学影响下的香气，意韵可以是清净和雅，也可以是流动洒脱；可以是浓烈馥郁，也可以是素朴温婉；可以是粗放旷达，也可以是细腻和美。

借香参物，和合大美也会在这种审美的影响下得到很好的体现。守住自然的真善之美，守住心灵的宁静恬淡，是道家美学指导下的香气追求。

（3）佛家美学对香气审美的影响

佛家认为法由心生，境由心造。佛家的审美跳出了世俗审美的圈子，“色即是空”，以“空”为美，以明心体验“空性美”，养成“平常心”“清净心”。

禅意美的文学代言人王维的诗充满了“淡、空、寂”的禅意。“空山不见人，但闻人语响。”“眼界今无染，心空安可迷。”寂静生动、超脱平淡，“空”而不离“有”。“空、幽、透、远、静、明、慈、定、寂”都是佛家美学影响下的艺术作品风格，这些意境可从日本的枯山水园林、川濑敏郎的花道作品中去品味。

佛家美学影响下的香气审美，气味、气韵上广大具精微，香气平稳地蔓延，力求简单平淡、温和不刺激。不刻意赋予香意以造作的表达，而只描摹一种自然流露的心性意境。

儒家充实，为规则美；道家飘逸，为洒脱美；佛家空灵，为清净美。

儒家敬，道家静，佛家净。三家之美殊途同归地落点在“与人合一”之上，借这些美的共鸣，人之心、性、命皆有所得。

我在“至和香修”体系中提出“百家香风”的审美观点，不提倡禁锢香气的审美角度，而提倡审美角度应有所传承。我们要允许制香师有不同的审美角度，香师与香师之间不需要将不同的审美观点做高下优劣的比较。

第十章　卓玛芳谱

一味香料的属性，除气味外，还包括药用功效、炮制、性状（形、色、质地、燃熏效果）、产地、采摘条件、陈放六个方面来辅助解读、辨识香料特征。

构成香性的某些属性会相对稳定，而另外一些属性则会因时、境、因缘的改变而使人的感受发生变化。比如一些香料的气味、功效等会因其被炮制过而产生部分变化；受品香者心理因素影响，其感知的香料的气味、意象、体感、情绪等会发生变化，不过这种变化发生在这些属性的共性之中；香料的产地、等级不同，采摘的时间、存放的时间不同，也会在一定程度上导致同一种香料的部分属性存在差异。这都需要香师对香料进行多次品感，并总结、归纳，以丰富自身的解读认知。

香性的本质是变化的。我们正是在变化中认识香性，并形成自己的认知角度。正是这些差异，造就了不同的香师对香料运用观点与制作手法的不同，并形成了自己的“香气语言”。尤其在“文人香”品类里，香师有广阔的空间去发挥和表达香气的艺术性，令香气的艺术性得以多样化呈现。

解读单料香，除了传统意义上的药效经验外，香气的自然能量、香气对身体情绪的影响也非常重要，香气所激发的人的意象感受以及人对香料“拟人化”个性的认知也非常重要。这些认知决定着香师如何通过自我认知和组方格局，来表达人性、赋予香意。也正是因为香师有这种综合的香性认知，香品才能从“产品”成为“作品”，才有了活化的“人格”生命，香气语言也因而具有了思想和灵魂。寄托了人文精神的香品，便不再是一个简单的物质存在。

“香性”主要由以下十四个方面构成。

（1）产地：不同产地的同种香料会有气味差异。需以代表性产地为主要产地，并将不同产地的香料进行品闻比较。

（2）采收：采收的季节、等级不同，也会让香料的味韵存在差异。部分香料由于种植的年份和采收后陈放的年份不同，也会存在差异。

（3）香气：熏烧方式的不同，也是气味存在差异的原因，所以应以丰富的气味词汇尽可能全面地描述一味香料的气味变化，比如：基础味酸、甘、苦、辛、咸、甜香、奶香、花香、木香、草本香、树脂香，等等。

（4）情绪：香味对人心理上的影响，会使人产生各种情绪，如放松、安慰等。

（5）空间：这属于香韵的一种触觉和视觉的通感。香气在空气中会有形状变化，如柱、丝、片、团等；同时也会有远或近的距离感。

（6）体感：这是一种香气在体内的存在感。香气走窜到身体内的脏器、经络，人都会有内在触感，并会伴有发热、出汗、毛孔张开等其他感受。

（7）个性：如果将香气“拟人化”来体会，每一种香料都有不同的个性。

（8）意境：香气表现出来的综合通感意境，闻到气味时，人联想到的画面景色或场景。

（9）药用描述：关于香料的功效副作用和医用禁忌、性味归经等都可在用香中作一定的参考。

（10）特质：民间、民族或各宗教所总结的药效之外的一些特定性能，如辟邪、吉祥、光明、清洁，等等。

（11）和香的使用经验中，香料的性状、燃烧性、气味覆盖性、定香性等特征也是香性的一部分。

香料按采香的来源大致分为以下几类。

（1）动物类，如甲香、麝香。

（2）化香类，如沉香、降真香。

（3）矿物宝石类，如寒水石、琥珀。

（4）植物类，细分为以下几类。

①枝杆类，如檀香、柏木。

②根块类，如红景天、甘松。

③树脂类，如安息香、乳香。

④种子果实类，如柏实、豆蔻。

⑤树果皮类，如桂皮、牡丹皮。

⑥草本叶子类，如香茅草、薄荷。

⑦花朵类，如桂花、玫瑰。

至和香修 单料香 品鉴香签

品名			
类别		熏/燃	
时/境			
因缘			
产地		炮制	
气味			
情绪			
体感			
空间			
音律			
色彩			
个性			
意象			
药用			
性状			
采摘			
陈放			

不同的产地和等级的香料，在香性解读上会存在差异。我根据本人现有的香料样本，对部分常规生料（未炮制）进行解读如下。

1. 幸福檀香

这是一团能抱住你的气息，让人能感受到犹如被环抱时的幸福、安心而恬静。檀香是成熟的，恰似一个中年男子穆然低语，睿智的眼神里传递出一份沉稳和依靠，又似慈爱的度母，醇厚而圆润，有力而细腻。檀香，在我心里是刚柔并济的。这是一团严谨却不严肃、包容却不纵容的气息。它从鼻腔进入太阳穴，默然依护起头部，慢慢下滑入喉部、心轮、胃部……身体的血液温暖起来，充盈着安宁的甜蜜，阵阵的辛香催促指尖舒展开后，留下金色的愉悦光芒，给心一份回归的幸福感和安全感。

（1）香性总述

①气味：浓、厚、重，木香、花香、奶香、粉香，甜、蜜，微辛、辣、甘。

②情绪：愉悦、快乐、欢笑、幸福、光明，安全感、依靠感，亲和、肃穆、放松。

③体感：周身温热、上行包围头部后下行入胃蠕动，打嗝、微汗、肺至胃部行走明显。

④空间：近、高、大，团状、片状、柱状，停顿凝聚。

⑤音律：升主降微，极长极下、次长次下、极浊、漫而缓、促以清，有力、舒缓。

⑥色彩：暖色调，金色、暖咖色、黄色、橙色、乳白色。

⑦个性：刚柔并济、成熟稳重、亲和、严谨、和蔼、包容、大气、高贵、肃穆、正直、慈爱、安全、可依靠。

⑧意象：秋天、树林、黄昏、阳光、家庭、欢乐场景、高大殿堂、华丽辉煌场景。

（2）组方概述

①和“文人香”时，檀香时常用于表达幸福欢乐的感情，或描摹亲和亲切的人物，如父母；可以勾勒幸福的家庭，或祝福；可用于描摹秋天、黄昏、烛光、阳光、温暖融洽的氛围、暖色调场景，或勾勒

高大、庄重的殿堂建筑场景，也可描绘华丽、金碧辉煌的画面。

②作为宗教类用香时，为常用香料，取之肃穆、大爱、光明、正能量之性而用。

③和养生香时，常作调节肠胃系统和呼吸道、驱寒温体、缓解忧郁、减弱恐惧、改善孤独、减轻压力、安抚神经、调节免疫之用。

④和日用香时，常用于房屋清洁纳瑞、除秽正气，调节空间的欢悦融洽感。

（3）中医描述

①性味：温，辛、甘、苦。

②入：脾、胃、肺经。

③功效：理气和胃、改善睡眠、安心和智、祛温避疫。

④禁忌：阴亏火旺，气虚下陷者慎服。

（4）和制简述

①入香：檀香留香持久，可作为方局的定香，延续支撑整个香方的气味韵律，也可丰富香气的层次。在传统用香中，檀香占据重要地位，常被用作构建香方的主导香材。熏烧皆宜。

②性状：油性陈降木质。易燃、耐熏燃，可助燃。出香缓慢而稳定，留香持久，厚度、浓密度稳定。

③产地：本样材产地为印度迈索尔。

④采摘：檀科檀香属檀香种。根、枝干可入香，树芯树根油性最佳。

⑤陈放：本样材陈放约 10 年（年久气味更佳）。

⑥炮制：修制，可以酒浸、蜜浸、茶浸、炒制。

2. 厚德沉香

沉香是宽广而智慧的，发肤五脏都能感受到它的穿透，它的香气的形状——丝、缕、线、片，清晰而变化丰富。一种无形的张力暗藏其中，充满广阔的力量，又内敛而稳沉，似慈父的双肩，像智者的淡然。这些安宁睿智的气味带出了宽阔的天空、高远的山峰、浩瀚的海洋、静谧的森林，善上若水，包容一切。沉香，调和着众香之味，也令我的身心和入其中。身心安顿，气息不紊，五脏舒缓。它绝不是奢华的、高傲的，它是包容和承载的、至善圣洁的、自由明了的。它平和地经历了过去，安然地接纳着现在，来去之间自然淡定，一切不必言尽，便在它的经历中浮现。这气味总让我想起那些智者与先贤，还有那深邃璞真的宇宙。

（1）香性总述

①气味：浓、厚、轻，花香、木香、陈香、奶香、果香、叶香、清香，甜、甘、凉，微酸、腥、咸。

②情绪：清净安稳、平和安宁、回忆、力量感、肃穆庄重、淡然、放松、神圣。

③体感：温、平，下行而后略升，行气明显，打嗝，从鼻腔上至印堂下至心肺脾胃洗涤，有梳理感，生津。

④空间：深远、宽阔、高大，丝状、片状、线缕状，穿透性、稳定聚留。

⑤音律：升降变律，极高极长、极短极清、次长次下、次浊，慢而缓、促以清、沉以细、柔而坚、缓藏劲。流畅、变化丰富。

⑥色彩：深色调、中性色，灰色系、褐色、深蓝色、棕色、黑色。

⑦个性：似一位老者，内敛端庄、安静沉稳、丰硕成熟、阅历丰富、

智慧、豁达、包容、担当、厚德可载物。

⑧意象：夜空、远山青黛、海洋、岩石峭壁、拾级而上的山间、苍劲的老树、泥土、清池、沉静古老的建筑。

（2）组方概述

①和“文人香”时，可用沉香构建宽大深远的空间场，或表达承载包容、大气的情怀；可用以描摹夜空、大地、山崖、大海等广而大的风景；或用于勾勒老者、智者沉稳安静和包容承载的个性特质，沉香是表达人物睿智、稳重、历练最好的香材之一。

②作为宗教类用香时，沉香是重要选材，或净心洗神、协助禅坐，或清净空间、避晦除邪。

③和养生香时，可用于调和理气、滋润五脏、疏络消炎、缓解负能，是安顿心神、减压舒缓、平息怒躁的情绪导引佳品，也适于放松助眠。

④和日用香时，沉香常作单熏独赏，或入妆品，在口脂、香油、香露中用以增香定香。

（3）中医描述

①性味：温，辛、苦。

②入：脾、胃、肾、肺经。

③功效：清神理气、补五脏、暖胃温脾、益精壮阳、通气定痛。

④禁忌：诸疮脓多及阴虚火盛，俱不宜用。

（4）和制简述

①入香：沉香的定香功能非常强大，留香非常持久。香气穿透力极强，是很好的“推送剂”，并具有调和诸香之气的能力。因香气丰满且变化非常丰富，所以也是方局中一味使气味层次变化的香料。在传统用香中，沉香占据重要地位，常被用作构建香方的主要香料。熏烧皆宜。

②性状：油性、腐性、真菌、树脂、挥发油混合木质。入香部位不定，体积不等、形状各异。易燃、耐熏燃、可助燃。出香悠缓，变化迅速，留香持续，香气密度稳定。

③产地：本样产地为越南惠安。

④采摘：目前普遍认为能出沉香的有瑞香科、橄榄科、樟科、大戟科的植物，其中以白木香树最为常见。

⑤陈储：本样购入后存有两年，购前陈放时间不详。

⑥炮制：修制，酒浸、蜜制、焙制。

3. 微笑玫瑰

玫瑰香气如一曼妙少女轻盈地走过，就像这燃烧的香气不多停留。她衣带飘扬，在转角处消失，而那余留的香气依旧沁心，不经意地闻到，便微笑起来，藏有一丝丝羞涩，却不做久留。但凡花材都是轻盈的，不愿意停留太久，即便如此，玫瑰却也是温暖心窝、怡悦心情的。在这甜蜜的气味中，后背开始微暖，每个细胞舒缓地张开。微笑的女子轻轻走过，留下满路的甜美。暖暖的夕阳里漾出橘色的光圈，香意悄悄飞扬，粉红了整个天际。

（1）香性总结

①气味：浓、薄、轻，甜、甘、花香，微酸、微薯香。

②情绪：愉快、微笑、亲近、甜蜜、轻松、欢悦。

③体感：脸颊微热，胃暖，胃肠、腹腔轻松，身体通畅、肌肤轻盈。

④空间：近，丝缕状、片状，飘散。

⑤音律：快出速收，极长极下、极浊、呼其长、漫而缓。轻扬、柔和、灵动。

⑥色彩：暖色调，粉红、玫红、正红、橘红、乳黄。

⑦个性：甜美的女孩子、羞涩的少妇，成熟与天真之间的个性，快乐、美好、简单、羞涩、绚丽、温柔。

⑧意象：夕阳、彩虹、糖果、充满爱的场景、音乐舞蹈的场景、花开、花园。

（2）组方概述

①和“文人香”时，可取其粉柔灵动，描摹女子曼妙和美丽，也可用于构建怀爱、亲和、美好、和睦的情感表达，或勾勒花园、春天、花朵，玫瑰也是表达祝福的重要选材。

②和养生香时，可用于疏肝解郁、缓解焦虑压力与紧张、平抚沮丧嫉妒和憎恨，尤其能令女性产生自我、积极、正面的情绪能量。

③和日用香时，取其融洽协和，增加空间场的友爱亲和感，也可以营造亲切、快乐、欢悦的空间气场。

（3）中医描述

①性味：性微温、味甘微苦。

②入：肝、脾、胃经。

③功效：柔肝醒胃、疏气活血、宣通窒滞。

④禁忌：孕妇慎用，阴虚有火者禁服。

（4）和制简述

①入香：玫瑰花材类香料出香非常快，可调节香方的韵律变化，典型的花香可增加香方的花香气，也可破解香方沉闷凝重的局面，令香方表现出灵动可人、轻盈飞扬的气质。传统上，并不多将其直接燃烧，但从其气韵和意象表现的角度来看，却可以尝试着在方局里局部运用，尤其某些优秀的外域品种，于整个香方的方局协和，玫瑰是非常有表现力的。玫瑰熏用气味纯正，烧用烟火烧草味较重，同时需注意组方

时计量。

②性状：玫瑰浓度够浓，但不能持续出香。易燃，不耐熏燃、助燃。熏的气味会比烧要优良很多，花材在燃烧时，香气都有缺憾，但非绝对地只熏不烧。玫瑰香气消失得虽快，但是浓度却有一定的遮盖性，计量过多时，容易影响香方中的其他香材的发挥。

③产地：本样产自法国。

④采摘：玫瑰为蔷薇科蔷薇属灌木。夏季采，花蕾去花蒂入香。清甜的五月玫瑰、纯甜的大马士革玫瑰、浓甜的皱叶玫瑰各具特色。

⑤陈储：花材当年使，不适宜储存。

⑥炮制：修制。

4. 热情安息

安息香实在是太甜了，就像布丁上面的焦糖，调动起你的食欲，让你瞬间满足。这气味分明就像一个热情的西班牙舞娘，穿着艳丽的大摆裙，耳朵旁别着大花朵，灿烂地笑着，迎面而来。你无从准备就被这香气直击心轮，面对这热烈的气味，最后一个回过神的一定是鼻子。拿什么阻止她的激情？这个即便音乐散尽仍旧热舞的女子，你也不禁随她热血沸腾地欢乐起来。活跃的安息香停止不了它对空气的眷恋，这是一味留香弥久，厚度、宽度和韵律感都非常彰显的香材。

（1）香性总结

①气味：浓、厚、凝集，甜、焦糖甜、辛，树脂香、花香、微酸。

②情绪：愉悦、活力、安抚。

③体感：心肺舒展、周身温暖、呼吸道洁净。

④空间：高而远、近而快，放射状、直线柱状、片状，快速、凝滞。

⑤音律：速出参差，极长极下、次高次短、次清极浊，雄以鸣、漫而缓。速度律动、热烈、欢腾、气魄、凯旋式。

⑥色彩：暖色调，红色、黄色、橙色、金银色。

⑦个性：热情、外向、活泼又可人，阅历丰富、有追求欲，简单。

⑧意象：金色的阳光、欢快热闹的场景、夏天、美丽或舞蹈的人、花朵、绚烂的晚霞、糖果甜点、可爱的孩子。

（2）组方概述

①和“文人香”时，可描摹夏日热情、欢快的场景，或勾勒美丽活泼的人物，或构建热闹动感的场景，也可构建华丽的氛围。

②和养生香时，取其避秽开窍、解毒安中、减少体液及浊气在体内滞留的作用，对感冒、呼吸道有很好的缓和调节作用。在情绪心理导引方面，安息香可起到很好的安抚心灵、舒缓紧张与压力、激励人心、缓解悲伤寂寞和沮丧情绪的作用。

③作为宗教类用香时，安息是常用的吉瑞香材，安息诸邪、光明积极。

④和日用香时，可取其甜蜜气韵，营造空间的美好甜蜜。

（3）中医描述

①性味：性平，味辛。

②入：心、脾经。

③功效：开窍清神、行气活血、止心腹痛、避瘟疫。

④禁忌：凡气虚少食、阴虚多火者禁用。

（4）和制简述

①入香：安息香出香足具爆发力和持久性，香而不燥、窜而不烈，能调节方局的律动变化，令整个香方味韵丰富、层次丰满、变化多样。熏烧皆宜。

②性状：树脂，不能直接燃烧，香气覆盖能力极强，很容易掩盖其他香材的气息。

③产地：本样产地印度尼西亚苏门达腊。

④采摘：为安息香科安息香树之树脂，需采六年以上树。

⑤陈放： 无。

⑥炮制：净制、酒制。

5. 君子薄荷

河边有青草漫漫，山间有夏风阵阵，这就是薄荷的味道。若说它是一个人的话，许是位青年男子，有着山风一样的自由气质，永远明白自己，也清楚世界；又或许是一个明静女孩，单纯的笑容、干净的眼神，不需要太多造作心思，简单看见这个世界便已知足。

薄荷是清冽的、坚强的、明朗而纯粹的，你以为它单薄，却不曾想它是简单，如水般清澈透亮、简单明了，君子德行不过如此。薄荷气息经由鼻腔直达顶轮，令整个上脑、肺部都是清晰的，像那种雨后森林里的空气，干净磊落。

（1）香性总结

①气味：轻、薄，凉、回甘，叶香、草香、清香、微酸。

②情绪：放松、放空、简单、清醒、开心、卸载感。

③体感：凉爽、轻松，眼珠极凉，呼吸道、肺部充盈活力，脑部清晰，被洗涤感，毛孔舒张。

④空间：开阔、近、低，线状、片状，明亮、洁净、轻薄流动、不易停留。

⑤音律：升以降清与浊，次长次下、次浊并长短变之，呼其长、

促以清。轻快、飞扬、自由。

⑥色彩：新绿、墨绿、透明。

⑦个性：似青年人，简单、光明磊落、干净利索、清晰明了、隐有气节。

⑧意象：河边、露珠、雨中自然、青草、早晨、清风。

（2）组方概述

①和“文人香”时，常取其清爽凉意，构建清凉干净的场景，或雨后树林田间，或潺潺溪水山间，或野草蔓蔓、霜凉露浓之时。也或用以描绘君子磊落之心、描摹青年人的活力和自然气质。

②和养生香时，可用以清凉静心、舒缓疲劳、安抚愤怒与恐惧心理、振作精神、提神醒脑，也可配合消除胀气、减轻头痛和呼吸道不适，清理毛孔或引经。

③和日用香时，则常取其清洁空间的效果，净化空间，营造轻松、轻快而明朗的空间。

（3）中医描述

①性味：性凉，味辛。

②入：肺、肝经。

③功效：疏风、散热、辟秽、解毒。

④禁忌：阴虚血燥、肝阳偏亢、表虚汗多者忌服。辛香伐气，多服损肺伤心。

（4）和制简述

①入香：薄荷出香快而消失快的特点，可作气韵、气味变化调节之用，常于甜腻气味的方局中调佐气味，也可用于调和凝重、厚重之味韵。熏用气味纯正，烧用烟火烧草味较浓，需注意组方计量。

②性状：干燥草本叶子，易燃、不耐熏燃，可助燃，出香快速却

短暂，轻薄而浓，不易停留，不易融合，具有气味覆盖性。

③产地：本样为英国苏格兰薄荷。

④采摘：为唇形花科薄荷属多年生植物。夏秋两季极茂或开花时采摘。全草可入香，取叶更佳。紫茎薄荷挥发油量不稳定却质量好，油中含薄荷脑量高；青茎薄荷挥发油量较稳定，但油的质量稍弱。

⑤陈放：草叶当年使，新鲜入香，不宜陈放。

⑥炮制：修制。

6. 沉静柏木

柏的香气如坚韧而又飘逸的老者，遗世独立，行走于沧桑，从不孤寂，这是岁月沉淀出来的悠远和清净。每次品闻柏香，心情总是高远而悠长，淡定而从容。这是极具空间长度的香气，幽静而深远，会让你跟着它走向遥远的远方。

清新的初见后，是沉稳的幽香，这气息沉淀于天地之间，不发散也不穿透，悠悠缓缓地拂过空间，就像长者一般慈爱地接纳着你，智者一般平静地慰藉着你。柏木宁静、淡定、从容，饱经世事后，洒脱超凡，不问世事，孤云出岫。

（1）香性总结

①气味：木香、清香、果仁香、松脂香、陈香，甘、辛、微咸、微甜、微酸。

②情绪：平静、安宁、从容、不悲不喜的宁静、坚定果敢的力量。

③体感：生津、温热、出汗、轻松、通畅。

④空间：浓而薄，轻而凝，远、悠远、高、宽，片状、丝缕状。

⑤音律：极长极短、次高次清、于长短高下清浊间，呼其长、雄

以鸣、慢而缓，平缓悠远、柔韧坚毅、沉稳和谐。

⑥色彩：中性，乳白色、浅灰色、灰绿色、灰色。

⑦个性：坚毅、正气、高尚、稳重、智慧、淡定从容、洒脱飘逸、出世超然。

⑧意象：延伸的道路、殿堂庙宇、参天古木、古石、故人、清晨日暮、薄雾森林、长寿的老者、先贤、亘古至今之感。

（2）组方概述

①和“文人香”时，可用于构建宁静深远的空间，古朴大气的场景；也可以描摹智慧博学的长者，超凡脱俗的人物；可勾勒清晨清心的自然，写意出广阔安静的画面，又或是苍劲挺拔的古木，营造肃静寂静的氛围。

②和养生香时，可取其松弛精神、稳定情绪的心理导引能力，发挥其培养人体正气、养心安神的作用，能够有效地定惊除烦、安魄凝神，亦可取其清热解毒、燥湿杀虫的作用，适于夏季颐养。

③和日用香时，主要取其净化空气、抗菌防臭、清心宜人的特点，营造安宁、洁净的空间。

④作为宗教类用香时，取其净化辟邪、安宁心神之用。

（3）中医描述

①性味：甘、平（寒）。

②入：心、肝、脾、膀胱等经。

③功效：燥湿杀虫、清热解毒、凉血行气、泻心火、散肿毒、收敛止血、安神、祛温避疫。

④禁忌：暂未查阅到。

（4）和制简述

①入香：柏木是稳定的香材，是主要的清香型香材，可作为主导

香材来运用。出香悠缓均匀，香气平稳而持续。熏烧皆宜，可应香方需要炮制改善。

②性状：油性陈降木质，易燃、耐熏，可助燃。

③产地：本样产自四川。

④采摘：为柏科侧柏属常绿乔木，采摘需用枝干和根部芯材，百年以上树龄。其叶、果实亦可用。

⑤陈放：本样购入后存有一年，购前陈放时间不详，陈放后甘清味更突显，辛味很微弱。

⑥炮制：修制，水煮、蒸、喷酒、酒浸、果汁浸等。

7. 言志丁香

丁香是知性的也是神秘的，有时候我甚至觉得它是个难以琢磨的职场老手，初品时的辛冲味彰显了其强势的个性，后发散而来的凉感却如春风拂面，随后是一片片的甜，仿佛是它亲和的笑容，让你很容易接近它，却很难去完全了解它，它是有理想和有目标的香材。它会持久地保持着团队协作的优秀能力，供你用它和合许多香材，占据着和香的重要角色。它甜美亲和的背后，潜藏了一股理智和清醒，辛辣、刺烈、微酸，然后又回归粉柔温暖的甜香，一切变化都落落大方、从容不迫。你一直琢磨不透它，捕捉着它，此刻已不觉口舌生津，暖流缓缓经由鼻腔进入口腔……你始终是不了解它的，而它却可以驾驭着你的好奇与探究。

（1）香性总结

①气味：凉、辛、甜、微酸、微辣，果香、花香、粉香、药香、油脂味、微树脂香、微木香。

②情绪：松、进取、美好、惆怅、热情，情绪丰富而复杂多变。

③体感：生津、热、通窍，上行眼部微凉，转经喉部、口腔，下行至脐轮，行径明显，肺部清凉而沁心。

④空间：忽远忽近、不高而环抱，片状变化团状、缕状，厚、重、停留性。

⑤音律：极长极下、极短极高、极浊极清，慢而缓、促以清、沉以细，变化及其丰富，韵律动感充盈。

⑥色彩：紫色、紫红色、暗橙色、棕红色。

⑦个性：知性、理智、复杂莫测、阅历丰富、经验丰富、纯真而成熟、妩媚而直接、胸怀大志、目标明确。

⑧意象：过去的岁月、怀旧的建筑物与场景、阅历丰富的人、黄昏的街头、孤身只影的人、回忆片段、秋日、果园、热带树林、热闹的场景。

（2）组方概述

①和“文人香”时，常以丁香描摹复杂的心情，或勾勒经历丰富的人物，或营造怀旧的场景，如复古的建筑、街头等环境，尤其是对人物多样性的描摹，非常富有变化和趣味性。丁香是属性复杂的香料，在文人和香中有着广泛的运用，表现为理智与纯真、知性与妩媚的多重碰撞；也可以构建神秘的氛围，或表达不可捉摸的状态；也可以表现知性、进取、有抱负的人物；在写景时，则常常用来勾勒秋日果园或渲染秋收的氛围，也可以描摹热闹的热带风情。

②和养生香时，取其升养正气、温经、助阳的特点，是重要的传统香材之一。丁香的气息洗涤肺部，对呼吸道感染的治疗有很好的辅助功用，对缓解神经痛和促进血液循环，都有比较好的效果。

③和日用香时，取其味道丰富、变化、丰满的特点来调节香方气

味，同时，丁香香气具有停留性和扩张力，是营造空间果香的重要香料。丁香也具有很好的净化空气的效果。

（3）中医描述

①性味：辛，温。

②入：脾、胃、肺、肾经。

③功效：温中降逆、暖肾助阳、健胃、脘腹冷痛、腰膝酸冷等。

④禁忌：热病及阴虚内热（胃热）者忌服。

（4）和制简述

①入香：丁香是桥梁型香材，丰富的气味和韵味使得它在香方中的表现力很优秀，适合与许多香料协作。它既可作为变化型香材，用于增加香气的丰富层度和变化层次，也是重要的果香入用材料。熏用时果味醇厚，烧用时辛与油脂味较重，应香方需要而进行炮制改善。

②性状：油性湿性种子，香气可停留，油分挥发性强，出香迅速却持久，气味有一定程度的遮盖性，可燃不易燃，中度耐熏。

③产地：本样产地为马来西亚。

④采摘：为桃金娘科蒲桃属乔木丁香，公丁香取花萼，母丁香取果实。

⑤陈放：无。

⑥炮制：修制，米汤煮泡。

8. 温暖肉桂

肉桂的味道是香槟色的，当它靠过来时，你不禁也想靠了过去，不由自主地依靠这母亲一样慈祥温暖的味道。常常你又觉得它是久别的情人，风韵依旧，便也要不由自主地依偎了过去，心生欢悦。依靠、依偎、依恋，是对肉桂再合适不过的描述了。它总是魅力十足，低吟着呢喃着关怀与呵护，让人全身都会感到温暖、安全和归属，还有那缓缓持久的快乐。肉桂是欢悦的，有着早晨阳光的温柔，有着不惑中年人的迷人浅笑，有着真诚无私的深厚关怀。

（1）香性总结

①气味：辛、甜、暖、辣、微酸，木香、花香、陈香、粉香、果仁香、油脂味。

②情绪：安全、欢愉、踏实、美好、可依赖、兴奋。

③体感：生津、骨骼松弛、肌肤安稳、周身温暖，至太阳穴下行胃部及海底轮行径明显。

④空间：片状、团状，近而低，厚。

⑤音律： 极短极高（次）、极长极下、极清极浊，于长短高下清浊间变化，沉以细、慢而缓、雄以鸣、呼以长，浑厚高扬、细腻婉转，变化丰富、韵律生动。

⑥色彩：香槟色、浅棕色、深橘色。

⑦个性：热情、重情谊、快乐豁达、可靠诚实、有风度涵养、成熟而迷人。

⑧意象：母亲、收获的场景、跳舞的人们、温馨的午后、暖意融融的咖啡馆或书店、夕阳、烛光、夏日的沙滩、热带雨林。

（2）组方概述

①和“文人香”时，可描摹秋日、暖阳、夏日、异域风情或热带的场景，表达热情、浓烈、美好快乐的情感，可以勾勒人格丰富的人物，或抒发美好心情，表达浪漫氛围。

②和养生香时，因其滋补暖身、调节免疫力而广泛运用，又取其镇静功效，对抑郁、情绪低落等安抚调节，也适合经期情绪的舒缓；

因其散寒效果较佳，对腰膝冷痛、胃寒、肺寒咳喘等状况均适用。肉桂有效的舒缓镇静效果，也常用于减轻头痛、痛经、腹泻痛或感冒症状。由于其气味能很好地安抚消化道，刺激胃液分泌，也常被用于调养肠胃的养生香品之中。

③和日用香时，可取其怡悦情趣的作用，制造浪漫温馨的空间，可作为卧室用香的选材；也可以运用其抗菌、净化空间的作用，发挥其日常净化空间的香氛作用。

（3）中医描述

①性味：性热，味辛、甘。

②入：肾、脾、心、肝经。

③功效：补火助阳、引火归元、散寒止痛、温通经脉，寒凝血滞。

④禁忌：阳盛阴虚，孕妇、月经过多或有出血倾向者、痰嗽咽痛、更年期综合症者慎用。

（4）和制简述

①入香：取其变化丰富的特质，给方局味韵的变化增加层次，烧用时辛与油脂味较重，需应香方炮制改善。

②性状：油性湿性粉粒，香气有一定停留性，出香稳定，变化丰富、层次饱满，有一定程度的气味遮盖性，可燃、中度耐熏。

③产地：本样来自印度尼西亚。

④采摘：为樟科植物肉桂的干燥树皮，秋季剥采。

⑤陈放：陈放一年后辛辣降低。

⑥炮制：修制，浸泡、焖润、炒制。

第十一章　卓玛香语

没有静心，爱会盲目，

没有爱，静心会麻痹。

在香修中练习，停止造作和封闭。

保有觉知，扩大善爱，并将之转化成为柔软的力量。

放松、接纳、笃定。

生命自然呈现。

【香修 . 生命自然】2117.3.30

从备香料，到制香、行香、品香乃至布席，香事里的每个细节无不体现“心”的修养。以香而养内心正气，以香重拾温良初心，以香洞见万物真性。雅、用、养、修，以香行道。

【以香行道】2014.6.15

香，不着于味，不陷于技，不贪于器，不迷于境，不恋于鼻，不驻于心。

【至和香修 . 听香】2016.6.1

行香守静，品香得微，布席知礼，自得清明。

【以香行道】2015.12.1

香气无常不可得，香意无形不可留，心中动或静，见于香清浊。“觉”是习香关键，以觉品香、以觉行香、以觉制香、以觉用香。

【觉香】2016.6.5

你能承载、包容、接纳多少，你就能做多少。处世做事，不能使每个人都满意，所以你要把关注点放到自己的内心，保持良知与初心，检查心底善意是否留存。其他人的想法，你无法控制，管理好自己的心即可。就如香气的自然流淌，不在意外界如何看它，它始终默默吐露属于自己的芳香，燃烧自己，自然能收获他人的欣赏。

【香修 . 心量】2016.6.10

当我们打开嗅觉，开始面对万物，通过鼻子的“桥梁”找回身体，找回心灵，找回生活的初衷，我们便会遇见生命中那个——最美好的自己。

【香修 . 见香】2016.6.25

香一门事，以香载道，无实学术，勿空谈道。道是楼阁，术为基石。基础无功，楼阁不立。凡习香者，不以时日，基础用功，难成正术，何道之有。

【术艺不学勿空论道】2016.7.23

那些美丽的植物，给予了我们芬芳的气息和可口的滋味。我们折枝插花，采叶焚香，食用品尝。在娱乐和饱腹之余，我们需恭敬感激它们，珍惜它们的生命，勿使浪费。

如果花只取一枝，便可有整个花园的意趣，那么，采花时，请取一枝即止。吃饭时，也请如同珍视沉檀一般，珍惜每一粒米。

【香修 . 珍惜】2014.12.1

强势的人喜欢控制别人，教育别人，处处试图让别人认为自己是对的，总希望别人服从自己，很难与人合作。不能对世事柔软，是因为缺少安全感而又易猜忌，怕失去拥有的，想获得更多没有的。

香淡定从容、善利不争，无形却无限，安静不显、温和飘逸，却撑起无尽大的空间。

柔和的力量是平和的、不争的、无处不在的。

【香意美学 . 和美】2016.6.12

老子言："人之生也柔弱，其死也坚强。草木之生也柔脆，其死也枯槁。故坚强者死之徒，柔弱者生之徒。"

香气之性柔弱，香者效习香性而柔，柔能生和，和香，和而生香。

【香意美学 . 柔美】2016.7.6

最美的香事里，继续遇见最美的自己。香事之美不是构图，不是色彩，不是器具，不是布席，而是你苏醒了最美的本心，觉知了最美的本性。

【香意美学 . 真美】2014.11.11

制香，治香，至香。以专一事而惟馨。

【至和香修．听香】2016.3.18

手作搓香，不是为了求得一个量的结果，而是让你以此过程为功课，磨磨那颗坐立不安的心。搓香与优雅地行香、品香没有区别。好好磨香，好好搓香，好好品香，好好用香，体会这四个“好”。

传统的学习经验告诉我们：需要时间的事，要给自己留时间。

【香修．匠心】7.28

不忘初心，在香意中活着，终在芬芳中感知灵魂、怡养温良之心。用香而效习香之芳性，身心为芳，熏染生活，修正生命。

知行、正行、德行，以香行。

【香修．知行】2015.5.4

养善习，存正气，悦心智，调身心——以香行。

【香修】2015.5.23

知足一朵花开，就会感恩一炉花香，它们的生命为我们的生命燃烧过。通往梦想的路上，有多少花香气息和陈年旧事里的人，成就了梦想中的自己。知足不是放弃，而是珍惜。

礼、敬、静、善、和、寂，善由知足发，知足常知止。

【至和香修．知足】2016.8.1

好闻与不好闻，都是非常模糊的词汇。气味本身很复杂，气味的感受也因人而异。麝香味极浓时是臭的，臭的龙涎香极淡时又变成香的。入门的学习，能让人接纳气味。沉香与菖蒲之间没有可比性，它们不能互相代替各自迥然不同的香性。

允许香气的香臭优劣并存，这不等于你看不清香物的本质，恰好相反的是，这正说明你是因为清楚其香性而能接纳它们。就像你接纳一个人，不是去忍耐对方的缺点，而是对对方的个性有清晰的了解，智慧的容纳是不让对方的缺点烦扰自心。

平等视万物，此为礼，无礼不成敬，敬后而知善，善者能生和。“和香”大义如此。

【香修 . 和】2016.7.30

习香，认知的高度与落地的践行哪个重要？把习香当作闲事，身如何修？性如何养？这一闲事若不能融入到生活中去践行，一切无从谈起。不要总停留在看与听的层面，道路是走的结果，没有实践，一切都是臆想。

【香修 . 践行】2015.8.18

我们的每一次呼吸，都是和空气中的各种气味在相遇。

在香气中重新认识呼吸，你会打开五感背后的一个世界。

【三识鉴香法】2016.7.15

为什么品香韵的时候我要求品出“体感”？是因为我希望你关注身体的感受与反应。通过品香训练，让我们的心去觉察身体的能力。当你与身体能对话沟通了，你也就具备了面对、释放情绪的能力。

【三识鉴香法】2015.7.2

“三识鉴香法”可帮助我们品鉴香品的优劣，选择适合自身的香品。选择之初很重要。我们易被美好的外表和感觉欺骗，而盲目的种子已经种下，在未来漫长的岁月中，我们需要付出大量的时间，为自己选择的烦恼买单。

“鉴”很重要，无论是香、人、事，都要先精微地品和鉴，再冷静地选和择。像鉴别一款香的味道、体感和情绪思想一样，去品味诸事诸人。

【三识鉴香法 . 选择】2016.8.2

“天下之至柔，驰骋天下之至坚”，借香为养，以香而修。

【香修 . 女德】2015.3.30

淑女、书女、舒女。做好女子，做芬芳女子，做怡人女子。

“黍稷非馨，明德惟馨。”

【香修 . 女德】2016.12.4

香品归根结底是要令人身心舒适的。一款香是否适合自己，需要抛开外在的干扰，用身体去安静感受，用平常心去清晰感受。

身与心的距离不远，试着在品香中到达。

【香养身心】2016.7.27

这世事诸多，显得太着急。香之用，其一就是让身心慢下来，知慢达静，静而生慧。习香者，知慢几多？愿时时自勉。

【香养身心】2015.5.7

花开半夏，夏至已至。近来更忙碌了，身是忙的，心一定要闲下来，身是快的，心一定要慢下来。如果无法觉察心的状态，那么检查一下自己的言行举止，看说了什么、做了什么，言行可反映内心。

夏至，治心于安然处，必不浮躁暑热。燃香，可清心去燥。观心，品香如品人，品人多品己。

【觉香】2016.6.21

大暑，焚香、听雨，消暑除湿。把一支香的时光过成歌声。落雨不是为了回忆和忧思，是因为花叶会在雨中舒展。

【觉香】2016.7.22

小暑养心，重点在“静心”二字。元代丘处机强调，夏日避暑，不仅宜在“虚堂、水亭、木阴等洁净而宽敞之处”纳凉，更宜“调息静心，常如冰雪在心，不可以热为热”。

香是安静的艺术，在宁心静气中品赏酸甘辛苦咸的变化，在宁心静气中体味写景、状物、抒情的香性意境。静显百味，静得百境，有了静，香艺之乐方可体验。

【觉香】2016.7.7

香修讲“礼敬静，善和寂”。“礼”是规矩制治，而“敬”是自律慎独。香者敬畏万物，惜爱香物，此惜此爱又何止香事中物？香事之功不止于香。

【香修 . 礼道】2016.5.25

“道之所存，师之所存。”香者在行香中从“以静制动”到“由动至静”，在“品香”中建立气味、触摸韵味、解读意境，在“觉香”中觉知念头，放下香物，体悟智慧。

【香修 . 礼道】2015.9.19

席，是香者的课修空间，寸席铺开便是道场，“学、术、体、用”都由它来承载。

【人文香席 . 席用】2015.9.14

课修香席没有边界，只有尺度。席不是演绎和摆设，在这里练习，可安顿内在，践行修学。

【人文香席 . 坐席】2015.9.7

无论席在何种环境里，总归你我都是在席里。当你落座香席的那一刻，香意传递便已开始。倘若置身于席，那么请置心于席，给芳香留一缕专注和敬意，给生命留一些留白。

勿让香席成为摆设，雅集成为表演，更别让品香只停留于闻气味的阶段。你来了，我侍香以待。透过一支香，我与你一同识物、观己、知大千世界。

【人文香席 . 坐席】2015.1.23

人为何需要仪式，是因为，我们需要在身外的世界和心中的世界之间建立起联系。仪式感，令此刻与其他时刻不太一样，以收摄和管理好自己的心，暗示你必须要在当下认真地去对待这件事。

每天交给自己一段时光，专注练习，这一段时光便也有了仪式感。

【行香十二式 . 仪式的修养】2016.7.11

“用心”并“用功”创作的文人香，香气自身会说话。香意的人文价值并非体现在一个好听的香名，一段好看的香跋。一款真正意义上的文人和香，不一定有香跋注解，香气自身就足以令品香者会意知境。这就对香师的自我修养有很高的要求。

【文人香的修养】2016.7.24

习香，不是令我们变成一个附庸风雅的人，也不是令我们变成一个自认为比其他人更高尚、更有品位的人。我们不能因为习香就变得更有优越感和傲慢。香者、香师、香人，不是特殊身份，它们只是表明我们正在学习和进行香事而已。

【香修 . 香者】2016.7.9

图书在版编目（CIP）数据

觉香：会思考的气味 / 卓玛著 . —武汉：华中科技大学出版社，2019.1

ISBN 978-7-5680-4654-1

Ⅰ . ①觉…　Ⅱ . ①卓…　Ⅲ . ①香精—基本知识　Ⅳ . ① TQ657

中国版本图书馆 CIP 数据核字 (2018) 第 235226 号

觉香：会思考的气味　　卓玛　著

Juexiang：Hui Sikao de Qiwei

策划编辑：杨　静　肖诗言

责任编辑：肖诗言

封面设计：颜小曼

责任校对：张会军

责任监印：秦　英

出版发行：华中科技大学出版社（中国 · 武汉）　电话：(027)81321913

武汉市东湖新技术开发区华工科技园　邮编：430223

录　　排：华中科技大学惠友文印中心

印　　刷：北京文昌阁彩色印刷有限责任公司

开　　本：880mm × 1230mm　1/32

印　　张：9.875

字　　数：238 千字

版　　次：2019 年 1 月第 1 版第 1 次印刷

定　　价：68.00 元